Trabajos de albañilería

Jesús Pozo García

Jesús Lahoz Oliva

Manuel Serrano Ordóñez

ic editorial

Trabajos de albañilería
© Jesús Pozo García
© Jesús Lahoz Oliva
© Manuel Serrano Ordóñez

1ª Edición

© IC Editorial, 2025

Editado por: IC Editorial
c/ Cueva de Viera, 2, Local 3
Centro Negocios CADI
29200 Antequera (Málaga)
Teléfono: 952 70 60 04
Fax: 952 84 55 03
Correo electrónico: iceditorial@iceditorial.com
Internet: www.iceditorial.com

ISBN: 978-84-1184-954-8
Depósito Legal: MA 1144-2025

Impresión: PODiPrint
Impreso en Andalucía – España

Nota de la editorial: IC Editorial pertenece a Innovación y Cualificación S. L.

Presentación del manual

El **Certificado de Profesionalidad** es el instrumento de acreditación, en el ámbito de la Administración laboral, de las cualificaciones profesionales del Catálogo Nacional de Cualificaciones Profesionales adquiridas a través de procesos formativos o del proceso de reconocimiento de la experiencia laboral y de vías no formales de formación.

El elemento mínimo acreditable es la **Unidad de Competencia**. La suma de las acreditaciones de las unidades de competencia conforma la acreditación de la competencia general.

Una **Unidad de Competencia** se define como una agrupación de tareas productivas específica que realiza el profesional. Las diferentes unidades de competencia de un certificado de profesionalidad conforman la **Competencia General**, definiendo el conjunto de conocimientos y capacidades que permiten el ejercicio de una actividad profesional determinada.

Cada **Unidad de Competencia** lleva asociado un **Módulo Formativo**, donde se describe la formación necesaria para adquirir esa **Unidad de Competencia**, pudiendo dividirse en **Unidades Formativas**.

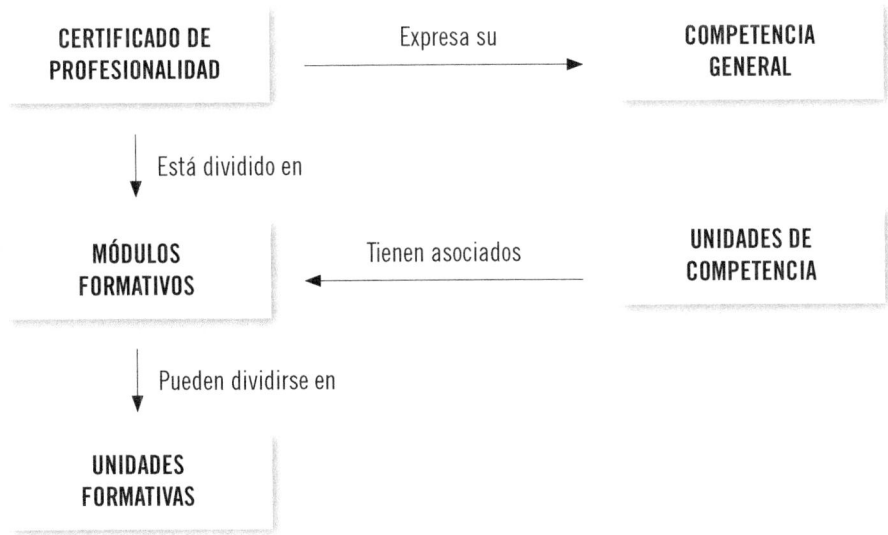

El presente manual pertenece al Módulo Formativo **MF0141_2: Trabajos de albañilería,**

asociado a la unidad de competencia **UC0141_2: Organizar trabajos de albañilería,**

del Certificado de Profesionalidad **Fábricas de albañilería**

MF0141_2 **TRABAJOS DE ALBAÑILERÍA**	Tiene asociado el ←	**UNIDAD DE COMPETENCIA** **UC0141_2** Organizar trabajos de albañilería

FICHA DE CERTIFICADO DE PROFESIONALIDAD

(EOCB0108) FÁBRICAS DE ALBAÑILERÍA (R. D. 1212/2009, de 17 de julio, modificado por el R. D. 615/2013, de 2 de agosto)

COMPETENCIA GENERAL: Organizar y realizar obras de fábrica de albañilería de ladrillo, bloque y piedra (muros resistentes, cerramientos y particiones), siguiendo las directrices especificadas en documentación técnica y las prescripciones establecidas en materia de seguridad y calidad.

Cualificación profesional de referencia	Unidades de competencia		Ocupaciones o puestos de trabajo relacionados:
	UC0869_1:	Elaborar pastas, morteros, adhesivos y hormigones	• 7121.1015 Albañiles
EOC052_2 FÁBRICAS DE ALBAÑILERÍA	UC0142_1:	Construir fábricas para revestir	• 7121.1026 Colocadores de ladrillo caravista
			• 7121.1026 Albañiles caravisteros
(RD 295/2004 de 20 de febrero y	UC0143_2:	Construir fábricas vistas	• 7121.1048 Mamposteros
modificaciones de RD 872/2007 de 2 de julio)			• Colocador de bloque prefabricado
	UC0141_2:	Organizar trabajos de albañilería	• Albañil tabiquero
			• Albañil piedra construcción
			• Oficial de miras
			• Jefe de equipo de fábricas de albañilería

Correspondencia con el Catálogo Modular de Formación Profesional

Módulos certificado	Unidades formativas	Horas U.F.
MF0869_1: Pastas, morteros, adhesivos y hormigones		30
MF0142_1: Obras de fábrica para revestir	UF0302: Proceso y preparación de equipos y medios en trabajos de albañilería	40
	UF0303: Ejecución de fábricas para revestir	80
MF0143_2: Obras de fábrica vista	UF0302: Proceso y preparación de equipos y medios en trabajos de albañilería	40
	UF0304: Ejecución de fábricas a cara vista	80
	UF0305: Ejecución de muros de mampostería	70
	UF0531: Prevención de riesgos laborales en construcción	50
MF0141_2: Trabajos de albañilería		60
MP0072: Módulo de prácticas profesionales no laborales de Fábricas de albañilería		80

Índice

Capítulo 3
Medición y valoración de fábricas de albañilería

Capítulo 4
Seguridad en fábricas de albañilería

Capítulo 1
Estudio de documentos de referencia sobre fábricas de albañilería

Contenido

1. Introducción

Antes de centrarnos en los trabajos de albañilería, vamos a dar un repaso a aspectos fundamentales como la legislación vigente, normas, pliegos de recepción, marcas, proyecto, tipos de obras, tajos de albañilería, tajo y oficios en relación con los recursos y técnicas, e interpretación de planos.

En los pasados años, según lo establecido en la Ley de Ordenación de la Edificación (Ley 38/1999) en la que se daba un plazo de dos años para la redacción de un Código Técnico de Edificación (CTE), se establecieron los requisitos básicos que deben cumplir los edificios de funcionalidad, seguridad y habitabilidad. Este CTE unificó una serie de aspectos que antiguamente desarrollaban unas Normas Básicas de Edificación y ampliaba aspectos que no se contemplaban en ninguna normativa, y que a partir de este Código se derogan.

Por tanto, el CTE supuso una revolución en el proceso constructivo por las nuevas propuestas de este marco normativo.

2. Legislación vigente sobre muros resistentes de fábricas de ladrillo

La normativa vigente referente a muros resistentes de fábricas de ladrillo viene establecida en el DB SE-F, Seguridad Estructural-Fábrica, aplicado conjuntamente con los DB-SE Seguridad Estructural y DB SE-AE Acciones en la Edificación, pertenecientes al Código Técnico de la Edificación, CTE, Real Decreto 314/2006, de 17 de marzo, además de las normas UNE de referencia que se citan en el CTE.

La normativa anterior sobre muros resistentes de fábricas de ladrillo, formada por la Norma Básica de la Edificación NBE FL-90 Muros resistentes de fábrica de ladrillo y la NBE AE-88 Acciones en la Edificación, queda derogada por el Código Técnico de la Edificación.

El CTE establece dichas exigencias básicas para cada uno de los requisitos básicos de seguridad estructural, seguridad en caso de incendio, seguridad de utilización y accesibilidad, higiene, salud y protección del medio ambiente, protección contra el ruido y ahorro de energía y aislamiento térmico, establecidos en la LOE, y proporciona procedimientos que permiten acreditar su cumplimiento con suficientes garantías técnicas.

 **Definición**

Código Técnico de la Edificación (CTE)
Es el marco normativo por el que se regulan las exigencias básicas de calidad que deben cumplir los edificios, incluidas sus instalaciones, para satisfacer los requisitos básicos de seguridad y habitabilidad según la Ley de Ordenación de la Edificación, LOE.

El CTE se aplicará a las obras de edificación de nueva construcción, excepto a aquellas construcciones de sencillez técnica y de escasa entidad constructiva, que no tengan carácter residencial o público, ya sea de forma eventual o permanente, que se desarrollen en una sola planta y no afecten a la seguridad de las personas.

Igualmente, el CTE se aplicará a las obras de ampliación, modificación, reforma o rehabilitación que se realicen en edificios existentes, siempre y cuando dichas obras sean compatibles con la naturaleza de la intervención y, en su caso, con el grado de protección que puedan tener los edificios afectados.

2.1. Documento básico SE-F. Seguridad estructural-fábrica

El campo de aplicación de este DB es el de la verificación de la seguridad estructural de muros resistentes en la edificación realizados con fábricas de ladrillo, bloques de hormigón, bloques de cerámica aligerada y fábricas de piedra.

Quedan excluidos de este DB los muros de carga que carecen de elementos destinados a asegurar la continuidad con los forjados (encadenados), tanto los que confían la estabilidad al rozamiento de los extremos de las viguetas, como los que confían la estabilidad exclusivamente a su grueso o a su vinculación a otros muros perpendiculares sin colaboración de los forjados. También quedan excluidas aquellas fábricas construidas con piezas colocadas "en seco" y las de piedra cuyas piezas no son regulares (mampuestos) o no se asientan sobre tendeles horizontales, y aquellas en las que su grueso se consigue a partir de rellenos amorfos entre dos hojas de sillares.

La satisfacción de otros requisitos (aislamiento térmico, acústico, o resistencia al fuego) queda fuera del alcance de este DB. Los aspectos relativos a la fabricación, montaje, control de calidad, conservación y mantenimiento se tratan en la medida necesaria para indicar las exigencias que se deben cumplir en concordancia con las bases de cálculo.

Además, establece condiciones tanto para elementos de fábrica sustentante, la que forma parte de la estructura general del edificio, como para elementos de fábrica sustentada destinada solo a soportar las acciones directamente aplicadas sobre ella, y que debe transmitir a la estructura general.

La aplicación de los procedimientos de este DB se llevará a cabo de acuerdo con las condiciones particulares que en el mismo se establecen, con las condiciones particulares indicadas en el DB-SE y con las condiciones generales para el cumplimiento del CTE, las condiciones del proyecto, las condiciones en la ejecución de las obras y las condiciones del edificio que figuran en los artículos 5, 6, 7 y 8 respectivamente de la parte I del CTE.

La materia que desarrolla este DB pretende dictar una serie de normas y exigencias básicas de calidad que deben cumplir los muros de fábrica para satisfacer los requisitos básicos de seguridad y habitabilidad. Se compone de los siguientes apartados:

1. Generalidades
2. Bases de cálculo
3. Durabilidad
4. Materiales
5. Comportamiento estructural
6. Soluciones constructivas
7. Ejecución

8. Control de la ejecución

9. Mantenimiento

Anejos

Recuerde

La Norma Básica de la Edificación NBE FL-90 Muros resistentes de fábrica de ladrillo y la NBE AE-88 Acciones en la Edificación quedaron derogadas con la entrada en vigor del Código Técnico de la Edificación CTE.

3. Normas tecnológicas

Las Normas Tecnológicas de la Edificación son un conjunto de recomendaciones de cada una de las actuaciones que intervienen en el proceso edificatorio: diseño, cálculo, construcción, control, valoración y mantenimiento, y que dan soluciones técnicas para los casos prácticos normales en edificación.

Nota

Estas normas son de aplicación voluntaria, al poderse adoptar otras reglas y condiciones que cumplan igualmente las disposiciones básicas, es decir, no son de obligado cumplimiento, sino recomendaciones.

Actualmente estas normas se encuentran obsoletas debido a la aparición de nuevas normas como el CTE, técnicas de construcción más novedosas, nuevos materiales de mejor calidad, etc. No obstante, ha sido una herramienta muy útil para nuestra profesión.

En primer lugar es trascendental decir que actualmente el CTE, y en concreto el DB SE-F, es la única norma permitida por la ley que se utiliza para el cálculo de fábricas y particiones de ladrillo, bloques y piedra, y recordar que las NTE solo son recomendaciones de no obligado cumplimiento.

3.1. Normas tecnológicas de estructuras de fábrica de ladrillo NTE-EFL

El ámbito de aplicación de la NTE-EFL es el cálculo de muros de directriz recta, resistentes y de arriostramiento de fábricas de ladrillo cerámico, en edificios con una altura sobre el nivel del terreno no superior a 24 metros en zonas de grado sísmico inferior a 6.

Para ello, previamente se dictan una serie de criterios y bases de cálculo, con los cuales se comienza el cálculo de los muros resistentes y se utilizan unas tablas que, dependiendo de las características del muro, nos proporcionarán un resultado u otro.

 Nota

Para el diseño, construcción, control, valoración y mantenimiento se aplicará la norma NTE-FFL, Fachadas-Fábricas de Ladrillo.

3.2. Normas tecnológicas de estructuras de fábrica de bloques NTE-EFB

El ámbito de aplicación de la NTE-EFB es el cálculo de muros resistentes de bloques de hormigón, en edificios de hasta 4 plantas sobre el nivel del terreno y en lugares donde el grado sísmico sea inferior a 8.

Para ello, tendremos en cuenta los criterios de diseño y de cálculo, con los cuales calcularemos los muros de fábrica de bloques, utilizando unas tablas que dependiendo de las características del muro nos proporcionarán un resultado u otro.

También en esta norma nos indican una serie de criterios de diseño, especificaciones de los bloques de hormigón, tales como dimensiones de las piezas y detalles de encuentros con otros elementos constructivos, formación de huecos, control de la ejecución, valoraciones y mantenimiento.

3.3. Normas tecnológicas de estructuras de fábrica de piedra NTE-EFP

El ámbito de aplicación de la NTE-EFP es el cálculo de muros resistentes y arriostramientos de fábrica de piedra, en edificios de una o dos plantas sobre el nivel del terreno y en zonas cuyo grado sísmico sea inferior a 8.

Para su análisis tendremos en cuenta los criterios de diseño y de cálculo, con los cuales calcularemos los muros de fábrica de piedra, utilizando unas tablas que, dependiendo de las características del muro, nos proporcionarán un resultado u otro.

Asimismo en la norma nos indican unas condiciones generales que debe cumplir la piedra natural para ser utilizada en obras de fábrica, tales como su procedencia, métodos de extracción y características morfológicas.

Del mismo modo nos dictan unas condiciones particulares que deben cumplir las piedras dependiendo de cuál se trate.

 Nota

Las clases de piedra son el granito, la caliza, la dolomía y la arenisca, y las condiciones que se exigen son el peso específico, absorción de agua, porosidad, la resistencia a compresión y la resistencia a tracción.

Además, en esta norma nos indican especificaciones de las piedras dependiendo de si son sillarejos o mampuestos, dimensiones de las piezas, forma de la dovela y dintel, aparejos, detalles de encuentros con otros elementos constructivos, formación de huecos, control de la ejecución, valoraciones y mantenimiento.

3.4. Normas tecnológicas de fachadas de fábrica de ladrillos NTE-FFL

La norma NTE-FFL se aplica a cerramientos, muros resistentes y arriostramientos de fábrica de ladrillo cerámico. Se recomiendan pautas de diseño para los distintos tipos de cerramientos, criterios de cálculo del aislamiento térmico, especificaciones dimensionales de los ladrillos cerámicos de cada uno de los tipos, macizos, perforados y huecos, colocación de las distintas hiladas respetando las leyes de trabazón dependiendo del grosor del cerramiento.

También se dictan condiciones generales de ejecución y se seguridad en el trabajo, controles de recepción de los materiales, criterios de valoración económica y mantenimiento.

3.5. Normas tecnológicas de fachadas de fábrica de bloques NTE-FFB

La norma NTE-FFB se aplica para muros de cerramiento no resistentes, de bloques de hormigón, con una altura no mayor de 9 metros. Al igual que en la norma anterior NTE-FFL, nos recomiendan normas de diseño, criterios de cálculo de aislamiento térmico, cálculo de muros esbeltos, especificaciones dimensionales de los bloques de cada uno de los tipos, macizos, huecos y piezas especiales, colocación de las distintas hiladas respetando las leyes de trabazón, aperturas de huecos, etc.

Asimismo, se dictan condiciones generales de ejecución y de seguridad en el trabajo, controles de recepción de los materiales, criterios de valoración económica y mantenimiento.

3.6. Normas tecnológicas de particiones de tabiques de ladrillo NTE-PTP

La norma NTE-PTP se aplica para divisiones fijas sin función estructural, de fábrica de ladrillo, para separaciones interiores. Se establecen unos criterios de diseño, especificaciones dimensionales del ladrillo cerámico hueco y doble hueco, colocación de las distintas hiladas respetando las leyes de trabazón y los enjarjes con otros paramentos, etc.

Igualmente se dictan condiciones generales de ejecución y de seguridad en el trabajo, controles de recepción de los materiales, criterios de valoración económica y mantenimiento.

 Recuerde

Las Normas Tecnológicas, NTE, son normas de aplicación voluntaria, es decir, no son de obligado cumplimiento, sino recomendaciones.

El Código Técnico de la Edificación, CTE, sí es de obligado cumplimiento.

4. Pliegos generales para la recepción

Los materiales deberán cumplir las condiciones que sobre ellos se especifiquen en los distintos documentos que componen el Proyecto de la obra. Asimismo sus calidades serán acordes con las distintas normas que sobre ellos estén publicadas, tales como normas UNE, DIN, etc.

Para desarrollar este punto, presentaremos los diferentes productos según la documentación reglamentaria exigida para la recepción y control de calidad de cada uno de los productos. Se distinguirán en cuatro grupos que serán:

- Ladrillos.
- Bloques.

- Cementos, cales y yesos.
- Piezas silicocalcáreas y de piedra natural.

4.1. Pliegos generales para la recepción de ladrillos

Según UNE EN 771-1:2011

Los ladrillos y bloques cerámicos, según la UNE EN 771-1:2011 +A1:2016, se clasifican en dos tipos.

- **Piezas U,** para fábricas de albañilería sin revestir o piezas con una densidad aparente alta (>1.000 kg/m^3) para uso en fábrica revestida.
- **Piezas P,** para fábrica de albañilería revestida y con una densidad aparente baja (≤1.000 kg/m^3).

Según la normativa vigente

La normativa nacional actual sigue una clasificación diferente, por lo que debemos establecer la correspondencia entre ambas clasificaciones:

- Ladrillos cerámicos vistos pasan a ser piezas tipo U.
- Bloques cerámicos vistos pasan a ser piezas tipo U.
- Ladrillos cerámicos no vistos pueden ser piezas P o U.
- Bloques cerámicos no vistos pueden ser piezas P o U.
- Ladrillos cerámicos huecos gran formato serán piezas P.

	Según la UNE EN 771-1:2011 +A1:2016	Piezas HD
		Piezas LD
Pliegos generales para la recepción de ladrillos (Denominación)	Según la normativa vigente	Piezas tipo HD
		Piezas tipo HD
		Piezas LD o HD
		Piezas LD o HD
		Piezas LD

Por tanto, la normativa vigente expone el pliego de recepción de materiales de la siguiente forma según sea ladrillo hueco doble o ladrillo perforado:

Piezas cerámicas para fábrica de albañilería vista o revestidas de densidad aparente > 1.000 kg/m³ (piezas HD), para muros de fábrica, pilares y particiones.

A continuación, se enumerarán las exigencias que deben cumplir los materiales según el documento básico del CTE:

Exigencias reglamentarias según normativa vigente

Según su uso, la fábrica de albañilería vista deberá cumplir las siguientes **condiciones del Código Técnico de la Edificación**:

DB SE-F -Seguridad estructural- (para su uso en fábricas resistentes):

- Resistencia normalizada a compresión de las piezas fb 5 MPa (N/mm²). No obstante, pueden aceptarse piezas con una resistencia normalizada a compresión inferior, hasta 4 N/mm² en fábricas sustentantes y hasta 3 N/mm² en fábricas sustentadas, siempre que, o se limite la tensiónde trabajo a compresión en estado límite último al 75 % de la resistencia de cálculo de la fábrica, fd, o bien se realicen estudios específicos sobre la resistencia a compresión de la misma.
- Las piezas se suministrarán en obra con una declaración del suministrador sobre su resistencia y la categoría de fabricación.
- Si la categoría de ejecución es:

  - **A:** se usan piezas que dispongan certificación de sus especificaciones sobre tipo y grupo, dimensiones y tolerancias, resistencia normalizada, succión, y retracción o expansión por humedad.
  - **B:** las piezas están dotadas de las especificación correspondientes a la categoría A, excepto en lo que atañe a las propiedades de succión, de retracción y expansión por humedad.
  - **C:** se considera categoría C cuando no se cumpla alguno de los requisitos establecidos para la categoría B.

- Tolerancias dimensionales: T1 (± 3 mm) o T2 (± 2 mm), o Tm (declarada por el fabricante, ej.: T5 ± 5 mm).
- Estabilidad dimensional: mm/m.
- Adherencia: valor tabulado (referencia a UNE-EN 998-2) o valor declarado de la resistencia inicial a cortante en N/mm^2.
- Contenido de sales solubles: S0 (sin exigencia o NPD) o S1 o S2.
- Reacción al fuego: clases A1 a F.

DB HS 1 -Salubridad- (para su uso en fábricas de cerramiento):

- Succión: kg/m^2, [g/m^2 min]^{0,5} o g/(cm^2 min) (DB HS1-30).
- Absorción: g/cm^3.
- Ladrillo cerámico de succión ≤ 4,5 kg/m^2.min, según el ensayo descrito en UNE EN 772-11:2001 y UNE EN 772-11:2001/A1:2006.
- Permeabilidad al vapor de agua: valor tabulado según UNE-EN 998-2.

DB HE 1 -Ahorro de Energía- (para su uso en fábricas que componen la envolvente térmica):

- Los productos para los cerramientos se definen mediante su conductividad térmica λ (W/m·K) y el factor de resistencia a la difusión del vapor de agua μ. En su caso, además se podrá definir la densidad ρ (kg/m^3) y el calor específico cp (J/kg·K).
- Los valores de diseño de las propiedades citadas deben obtenerse de valores declarados por el fabricante para cada producto.
- El pliego de condiciones del proyecto debe incluir las características higrotérmicas de los productos utilizados en la envolvente térmica del edificio. Deben incluirse en la memoria los cálculos justificativos de dichos valores y consignarse éstos en el pliego.
- En todos los casos se utilizarán valores térmicos de diseño, los cuales se pueden calcular a partir de los valores térmicos declarados según la norma UNE EN ISO 10456.
- En general y salvo justificación, los valores de diseño serán los definidos para una temperatura de 10 ºC y un contenido de humedad correspondiente al equilibrio con un ambiente a 23 ºC y 50 % de humedad relativa.

■ Aislamiento acústico a ruido aéreo directo:

■ Densidad: en kg/m^3 y categoría de tolerancia (D1: 10 %; D2: 5 %; o Dm: declarada por el fabricante en %).
■ Geometría y forma: mediante dibujo o descripción.
■ Tolerancias dimensionales: T1 (± 3 mm) o T2 (± 2 mm), o Tm (declarada por el fabricante, ej.: T5 ± 5 mm).

Exigencias reglamentarias según el Código Técnico de la Edificación		
DB SE-F - Seguridad estructural	DB HS 1 - Salubridad	DB HE 1 - Ahorro de Energía

Documentación exigida

Piezas con categoría I: Sistema de verificación 2+: (Resistencia a compresión fiabilidad ≥ 95 %):

■ Marcado CE (etiquetado).
■ Declaración CE de conformidad suscrita por el fabricante.
■ Certificado del control de producción en fábrica emitido por organismo certificador.

Piezas con categoría II: Sistema de verificación 4: (Resistencia a compresión fiabilidad < 95 %):

■ Marcado CE (etiquetado).
■ Declaración CE de conformidad suscrita por el fabricante.

Piezas con categoría I: Sistema de verificación 2+: (resistencia a compresión fiabilidad ≥ 95 %)

Piezas con categoría II: Sistema de verificación 4: (resistencia a compresión fiabilidad < 95 %)

- Marcado CE (etiquetado)
- Declaración CE de conformidad suscrita por el fabricante
- Certificado del control de producción en fábrica emitido por organismo certificador

- Marcado CE (etiquetado)
- Declaración CE de conformidad suscrita por el fabricante

Descripción del producto para su recepción

Ha de contener: tipo (U), categoría (I o II) y dimensiones en mm.

Deben tener las características esenciales del Marcado CE (Tabla ZA.1.1)

PIEZAS U	
Propiedad o Característica	**Frecuencia**
Dimensiones	- Cada vez que haya un cambio de producto en la línea de fabricación que afecte a la propiedad. - Semanalmente a tres piezas. - Cuando se establezca en el CFP.
Geometría y Forma	- Cada vez que haya un cambio de producto en la línea de fabricación que afecte a la propiedad. - A tres piezas en intervalos de tiempo apropiados y establecidos en el CFP.
Densidad aparente seca	- Cada vez que haya un cambio de producto en la líne a de fabricación que afecte a la propiedad. - Mensualmente a tres piezas. - Cuando se establezca en el CFP.

Continúa en página siguiente >>

<< Viene de página anterior

PIEZAS U	
Propiedad o Característica	**Frecuencia**
Resistencia a compresión	- Para piezas con volumen inferior a 4000 cm³: - Cada vez que haya un cambio de producto en la línea de fabricación que afecte a la propiedad. - Al menos seis piezas cada 1000 m³ producidos. - Una vez cada dos meses. - Cuando se etablezca en el CFP. - Para otros tipos de piezas: - Cada vez que hay un cambio de producto en la línea de fabricación que afecte a la producción. - Al menos seis piezas cada 4000 m³ producidos. - Una vez cada dos meses. - Cuando se establezca en el CFP.
Resistencia al hielo / deshielo	- Una vez al año. - En intervalos de tiempo apropiados y establecidos en el CFP.
Contenido en sales activas solubles	- Una vez al año. - En intervalos de tiempo apropiados y establecidos en el CFP.
Resistencia a conductividad térmica (cuando el valor declarado esté basado en resultados de ensayo)	- Una vez al año.
Resistencia a la adherencia (cuando el valor declarado esté basado en resultados de ensayo)	- Una vez al año. - En intervalos de tiempo apropiados y establecidos en el CFP.
Absorción de agua (en piezas para barrera anticapilaridad) (cuando el valor declarado esté basado en resultados de ensayo)	- Una vez al año. - En intervalos de tiempo apropiados y establecidos en el CFP.
Reacción al fuego (cuando el valor declarado esté basado en resultados de ensayo)	- Cada cinco años.

Cuando el contenido de materia orgánica sea menor del 1 %, no es necesario hacer ensayos y se clasificará directamente como A.1.

PIEZAS P

Propiedad o Característica	Frecuencia
Dimensiones	- Cada vez que haya un cambio de producto en la línea de fabricación que afecte a la propiedad. - Semanalmente a tres piezas. - Cuando se establezca en el CFP.
Geometría y Forma	- Cada vez que haya un cambio de producto en la línea de fabricación que afecte a la propiedad. - A tres piezas, en piezas con características de aislamiento térmico, tras cada cambio o modificación de moldes. - A tres piezas en intervalos de tiempo apropiados y establecidos en el CFP.
Densidad aparente seca	- Cada vez que haya un cambio de producto en la línea de fabricación que afecte a la propiedad. - Mensualmente a tres piezas. - Cuando se establezca en el CFP.
Densidad absoluta	- Mensualmente a tres piezas, en piezas con características de aislamiento térmico. - Cuando se establezca en la documentación del CFP.
Resistencia al hielo / deshielo	- Una vez al año. - En intervalos de tiempo apropiados y establecidos en la documentación del CFP.
Contenido en sales activas solubles (cuando el valor declarado esté basado en resultados de ensayo)	- Una vez al año. - En intervalos de tiempo apropiados y establecidos en el CFP.
Resistencia a compresión	- Cada vez que haya un cambio de producto en la línea de fabricación que afecte a la propiedad. - Al menos a seis piezas cada 4000 m3 producidos. - Una vez cada dos meses. - Cuando se establezca en la documentación del CFP.
Permeabilidad al vapor de agua (cuando el valor declarado esté basado en resultados de ensayo)	- Una vez al año - En intervalos de tiempo apropiados y establecidos en la documentación del CFP.
Resistencia a conductividad térmica (cuando el valor declarado esté basado en resultados de ensayo)	- Una vez al año.

Continúa en página siguiente >>

<< Viene de página anterior

Resistencia a la adherencia (cuando el valor declarado esté basado en resultados de ensayo)	- Una vez al año. - En intervalos de tiempo apropiados y establecidos en la dcocumentación del CFP.
Reacción al fuego (cuando el valor declarado esté basado en resultados de ensayo)	- Cada cinco años.

Piezas cerámicas para fábrica de albañilería revestidas de densidad aparente ≤ 1.000 kg/m³ (piezas LD), para muros de fábrica, pilares y particiones

4.2. Pliegos generales para la recepción de bloques

La normativa vigente clasifica los bloques según el pliego de recepción de materiales de la siguiente forma:

- Bloques de hormigón de áridos (densos o ligeros) para fábrica de albañilería para muros, columnas y particiones.
- Bloques de hormigón celular curado en autoclave para fábrica de albañilería para muros, columnas y particiones.

A continuación, se enumerarán las exigencias que deben cumplir los materiales según el documento básico del CTE:

Exigencias reglamentarias según normativa vigente

Según su uso, los bloques de hormigón de áridos y de hormigón celular deberán cumplir las siguientes condiciones del Código Técnico de la Edificación:

DB SE-F -Seguridad estructural- (para su uso en fábricas resistentes):

- Las piezas se suministrarán en obra con una declaración del suministrador sobre su resistencia y la categoría de fabricación.

  - **A:** las piezas de categoría I tendrán una resistencia declarada, con probabilidad de no ser alcanzada inferior al 5 %. El fabricante aportará la documentación que acredita que el valor declarado de la resistencia a compresión se ha obtenido a partir de piezas muestreadas según UNE EN 771 y ensayadas según UNE EN 772-1:2002, y la existencia de un plan de control de producción en fábrica que garantiza el nivel de confianza citado.

▎**B:** las piezas de categoría II tendrán una resistencia a compresión declarada igual al valor medio obtenido en ensayos con la norma antedicha, si bien el nivel de confianza puede resultar inferior al 95 %.

■ Si la categoría de ejecución es:

▎**A:** se usan piezas que dispongan certificación de sus especificaciones sobre tipo y grupo, dimensiones y tolerancias, resistencia normalizada, succión, y retracción o expansión por humedad.

▎**B:** las piezas están dotadas de las especificación correspondientes a la categoría A, excepto enlo que atañe a las propiedades de succión, de retracción y expansión por humedad.

▎**C:** se considera categoría C cuando no se cumpla alguno de los requisitos establecidos para la categoría B.

■ Tolerancias dimensionales: D1 (± 3 mm) o D2 (± 2 mm), o D3, para bloques de hormigón de áridos.

■ Para usos generales y mortero ligero o para capa fina de mortero. En este último caso las categorías son TLMA > TLMB, para bloques de hormigón celular curado en autoclave.

■ Configuración: mediante esquema o descripción.

■ Resistencia a compresión: en N/mm^2 especificando dirección de aplicación de la carga y categoría de la pieza (I o II).

■ Estabilidad dimensional: mm/m.

■ Resistencia a la adherencia:

▎Resistencia a la adherencia a cortante: valor tabulado (referencia a UNE-EN 998-2) o valor declarado de la resistencia inicial a cortante en N/mm^2.

▎Resistencia a la adherencia, resistencia a la rotura a flexión: valor declarado.

▎Reacción al fuego: clases A1 a F.

DB HS 1 -Salubridad- (para su uso en fábricas de cerramiento):

- Absorción máxima 0,32 g/cm^3 medido según el ensayo de UNE 41 170:1989, salvo para bloques de hormigón curado en auto-clave.
- Para bloques de hormigón visto, el coeficiente de succión de los bloques medido según el ensayo de UNE EN-772 11:2001 y UNE EN 772-11:2001/A1:2006 para un tiempo de 10 minutos debe ser como máximo 3 [g/(m^2·s)], y el valor individual del coeficiente debe ser como máximo 4,2 [g/(m^2·s)].

DB HE 1 -Ahorro de Energía- (para su uso en fábricas que componen la envolvente térmica):

- Aislamiento acústico a ruido aéreo directo.
- Densidad aparente: en kg/m^3 y categoría de tolerancia (D1: 10 %; D2: 5 %; o Dm: declarada por el fabricante en %).
- Configuración: mediante esquema o descripción.
- Dimensiones en mm.
- Tolerancias dimensionales: D1 (± 3 mm) o D2 (± 2 mm), o D3, para bloques de hormigón de áridos.
- Para usos generales y mortero ligero o para capa fina de mortero. En este último caso las categorías son TLMA > TLMB, para bloques de hormigón celular curado en autoclave.
- Resistencia Térmica: en m^{2}K/W o conductividad térmica equivalente en W/mK.
- Densidad: en kg/m^3 y categoría de tolerancia (D1: 10 %; D2: 5 %; o Dm: declarada por el fabricante en %).

Exigencias reglamentarias según el Código Técnico de la Edificación		
DB SE-F - Seguridad estructural	DB HS 1 - Salubridad	DB HE 1 - Ahorro de Energía

Documentación exigida

Piezas con categoría I: Sistema de verificación 2+: (Resistencia a compresión fiabilidad ≥ 95 %):

- Marcado CE (etiquetado) (UNE-EN 771-3) para bloques de hormigón de áridos.
- Declaración CE de conformidad suscrita por el fabricante.
- Certificado del control de producción en fábrica emitido por organismo certificador.

Piezas con categoría II: Sistema de verificación 4: (Resistencia a compresión fiabilidad < 95 %):

- Marcado CE (etiquetado) (UNE-EN 771-4) para bloques de hormigón celular curado en autoclave.
- Declaración CE de conformidad suscrita por el fabricante.

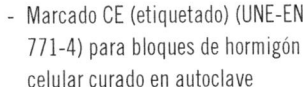

Piezas con categoría I: Sistema de verificación 2+: (resistencia a compresión fiabilidad ≥ 95 %)

Piezas con categoría II: Sistema de verificación 4: (resistencia a compresión fiabilidad < 95 %)

- Marcado CE (etiquetado) (UNE-EN 771-3) para bloques de hormigón de áridos
- Declaración CE de conformidad suscrita por el fabricante
- Certificado del control de producción en fábrica emitido por organismo certificador

- Marcado CE (etiquetado) (UNE-EN 771-4) para bloques de hormigón celular curado en autoclave
- Declaración CE de conformidad suscrita por el fabricante

Descripción del producto para su recepción

- Ha de contener: categoría (I o II), dimensiones en mm y categoría de tolerancia (D1>D2>D3), para bloques de hormigón de áridos.

■ Ha de contener: categoría (I o II), dimensiones en mm y tolerancia, resistencia a compresión, configuración (forma y características) y si se trata de un bloque clasificado como grupo estructural 1 y densidad seca, para bloques de hormigón celular curado en autoclave.

4.3. Pliegos generales para la recepción de cementos, cales y yesos

La normativa vigente expone el pliego de recepción de materiales de la siguiente forma:

Morteros para revoco y enlucido

A continuación se enumerarán las normativas y exigencias que deben cumplir los materiales:

Descripción

Mezcla compuesta de uno o varios conglomerantes inorgánicos, de áridos, de agua y, a veces, de adiciones y/o aditivos para realizar revocos exteriores o enlucidos interiores. Tipos según su concepto:

▪ **Mortero diseñado:** la composición y sistema de fabricación se ha elegido por el **fabricante, concepto de prestación.**
▪ **Mortero prescrito:** concepto de receta.

Tipos de mortero para revoco y enlucido
según su concepto

mortero diseñado   mortero prescrito

Documentación exigida

- Sistema de verificación: 4 para morteros industriales para revoco y enlucido.
- Marcado CE (etiquetado) obligatorio UNE EN 998-1.
- Declaración de conformidad del fabricante.

Descripción del producto para su recepción

- Número y fecha de la UNE.
- Nombre del fabricante.
- Código o fecha de fabricación.
- Nombre del producto y tipo de mortero.
- Tipos según su utilización:

  - GP- Mortero para uso corriente.
  - LW- Mortero ligero.
  - CR- Mortero para revoco coloreado.
  - OC- Mortero para revoco monocapa.
  - R- Mortero para renovación.
  - T- Mortero para aislamiento térmico.

- Deben tener las características esenciales del Marcado CE (tabla ZA.1).
- Reacción frente al fuego, para morteros para construcciones sometidas a requisitos frente al fuego: Euroclases A1 a F.
- Absorción de agua, para morteros para construcciones exteriores.
- Permeabilidad al agua, para morteros de revoco monocapa.
- Permeabilidad al vapor de agua, para morteros para construcciones exteriores.
- Adhesión, para los morteros para revoco y enlucido, excepto el monocapa: valor declarado en N/mm^2 y tipo de rotura FP.
- Adhesión después de ciclos climáticos, solo para los morteros monocapa: valor declarado en N/mm^2 y tipo de rotura FP.
- Conductividad térmica/densidad, para morteros diseñados para construcciones sometidas a requisitos de aislamiento térmico: valor declarado o tabulado en W/(m.K).

■ Conductividad térmica, solo para morteros de aislamiento térmico T: valor declarado o tabulado en W/(m.K).

■ Durabilidad: para morteros para revoco monocapa OC. Resistencia al hielo/deshielo.

■ Durabilidad: para morteros para construcciones exteriores, excepto el monocapa.

■ Sustancias peligrosas.

Morteros para albañilería

A continuación se enumerarán las normativas y exigencias que deben cumplir los materiales:

Descripción

Mezcla compuesta de uno o varios conglomerantes inorgánicos, de áridos, de agua y, a veces, de adiciones y/o aditivos para fábricas de albañilería (fachadas, muros, pilares, tabiques), rejuntado y trabazón de albañilería.

Tipos según su concepto:

■ **Mortero diseñado:** la composición y sistema de fabricación se ha elegido por el fabricante, concepto de prestación.
■ **Mortero prescrito:** concepto de receta.

Tipos según su utilización:

■ Mortero para uso corriente: G.
■ Mortero para juntas y capas finas: T.
■ Mortero ligero: L.

Exigencias reglamentarias según normativa vigente

■ Documento Básico SE-F Fábrica.

Documentación exigida

- Sistema de verificación: 2+ para morteros industriales para albañilería diseñados.
- Marcado CE (etiquetado) obligatorio UNE EN 998-2.
- Declaración de conformidad del fabricante.
- Certificado del control de producción en fábrica emitida por organismo certificador.
- Sistema de verificación: 4 para morteros industriales para albañilería prescritos.
- Marcado CE (etiquetado) obligatorio UNE EN 998-2.
- Declaración de conformidad del fabricante.
- Descripción del producto para su recepción.
- Número y fecha de la UNE.
- Nombre del fabricante.
- Código o fecha de fabricación.
- Tipo de mortero
- Tiempo de utilización.
- Contenido en cloruros contenido de aire.
- Contenido en aire.
- Proporción de los componentes y la resistencia correspondiente a compresión o clase de resistencia a compresión. Morteros prescritos.
- Resistencia a compresión o clase de resistencia a compresión. Morteros diseñados.
- Resistencia de unión.
- Absorción de agua.
- Permeabilidad al vapor de agua.
- Densidad.
- Conductividad térmica.
- Durabilidad.
- Tamaño máximo de los áridos.
- Tiempo abierto.
- Reacción frente al fuego.

TABLA 1 UNE EN 998-2 Clase	M1	M 2.5	M 5	M 10	M 15	M 20	MD
Resistencia a compresión N/mm2	1	2.5	5	10	15	20	D

D es una resistencia a compresión mayor de 25 N/mm2 declarada por el fabricante

- Deben tener las características esenciales del Marcado CE (tabla ZA.1.2).
- Resistencia a compresión, para morteros diseñados: categorías o valores en N/mm^2.
- Proporción de componentes, para morteros prescritos: en volumen o peso.
- Resistencia de unión (adhesión), para morteros diseñados para construcciones sometidas a requisitos estructurales: valor declarado en N/mm2 medido o tabulado.
- Contenido en cloruros, para morteros para albañilería armada: valor declarado en % en masa.1
- Reacción frente al fuego, para morteros para construcciones sometidas a requisitos frente al fuego: Euroclases A1 a F.
- Absorción de agua, para morteros para construcciones exteriores: valor kg/(m2 min 0,5).
- Permeabilidad al vapor de agua, para morteros para construcciones exteriores.
- Conductividad térmica/densidad, para morteros diseñados para construcciones sometidas a requisitos de aislamiento térmico: valor declarado o tabulado en W/(m.K).
- Durabilidad.
- Sustancias peligrosas, para morteros diseñados.

Yesos de construcción y conglomerantes a base de yeso para la construcción

A continuación se enumerarán las normativas y exigencias que deben cumplir los materiales:

Exigencias reglamentarias según normativa vigente

Según su uso, la fábrica de albañilería vista deberá cumplir las siguientes condiciones del Código Técnico de la Edificación:

DB HE 1 -Seguridad estructural- (para su uso en fábricas que componen la envolvente térmica):

- Conductividad térmica (λ): W/mK
- Factor de resistencia a la difusión del vapor de agua μ
- En su caso, también: densidad ρ (kg/m^3) y calor específico cp (J/kg.K)

Documentación exigida

Sistema de verificación 3: Si se emplea para la protección al fuego de elementos estructurales y/o compartimentación frente al fuego en edificios:

- Marcado CE (etiquetado) obligatorio (EN 13279-1:2009).
- Declaración CE de conformidad suscrita por el fabricante.
- Informe o protocolo de ensayos iniciales de tipo (reacción al fuego), realizado por laboratorio notificado.

Sistema de verificación 4: Resto de casos

- Marcado CE (etiquetado) obligatorio (EN 13279-1:2009).
- Declaración CE de conformidad suscrita por el fabricante.

Descripción del producto para su recepción

Se designan de la siguiente manera:

- Designación según tabla 1.
- Referencia a EN 13279-1:2009.
- Identificación según tabla 1.
- Tiempo de principio de fraguado.
- Resistencia a compresión.

NOMENCLATURA DE YESOS	
Designación	**Identificación**
Conglomerantes a base de yeso, por ejemplo:	
Para su uso directo o para su transformación	A
Para su empleo directo en la obra	
Yeso para la construcción:	B
Yeso de construcción	B1
Mortero de yeso	B2
Mortero de yeso y cal	B3
Yeso de construcción aligerado	B4
Mortero aligerado de yeso	B5
Mortero aligerado de yeso y cal	B6
Yeso de construcción de alta dureza	B7
Yeso para aplicaciones especiales:	C
Yeso para trabajos con yeso fibroso	C1
Yeso para morteros de agarre	C2
Yeso acústico	C3
Yeso con propiedades de aislamiento acústico	C4
Yeso para protección contra el fuego	C5
Yeso para su aplicación en capa fina	C6

 Ejemplo

Yeso para la construcción de proyección mecánica con un tiempo de principio de fraguado > 50 min y resistencia a compresión ≥ 2 N/mm², su designación sería: YESO DE CONSTRUCCIÓN EN 132791-1 – B1/50/2

- Deben tener las características esenciales del Marcado CE (Tabla ZA.1.2)
- Reacción al fuego: clase A1

- Resistencia térmica (m^2 K/W)
- Aislamiento directo a ruido aéreo (en condiciones finales de uso) (dB), prestación declarada para el sistema del que forma parte el producto, en su caso.

4.4. Pliegos generales para la recepción de piezas silicocalcáreas y de piedra natural para fábricas de albañilería, para muros, pilares y particiones

Exigencias reglamentarias según normativa vigente

Según su uso, la fábrica de piedra natural y piezas silicocalcáreas deberá cumplir las siguientes condiciones del Código Técnico de la Edificación:

DB SE-F -Seguridad estructural- (para su uso en fábricas resistentes):

- Las piezas se suministrarán en obra con una declaración del suministrador sobre su resistencia y la categoría de fabricación (SE-F-47)
- Se confirmará la procedencia y las características especificadas en proyecto, constatando que la piedra está sana y no presenta fracturas
- Si la categoría de ejecución es:

  - **A:** se usan piezas que dispongan certificación de sus especificaciones sobre tipo y grupo, dimensiones y tolerancias, resistencia normalizada, succión, y retracción o expansión por humedad.
  - **B:** las piezas están dotadas de las especificación correspondientes a la categoría A, excepto en lo que atañe a las propiedades de succión, de retracción y expansión por humedad.
  - **C:** se considera categoría C cuando no se cumpla alguno de los requisitos establecidos para la categoría B.

- Resistencia a compresión 2: en N/mm^2 especificando dirección de aplicación de la carga.

- Resistencia a la adherencia:

    ■ Resistencia a la adherencia a cortante: valor tabulado (referencia a UNE-EN 998-2) o valor declarado de la resistencia inicial a cortante en N/mm2.
    ■ Resistencia a la adherencia a flexión: valor declarado.

- Reacción al fuego: clases A1 a F.

DB HS 1 -Salubridad- (para su uso en fábricas de cerramiento):

- Succión: kg/m^2, $[g/m^2\ min]^{0,5}$ o $g/(cm^2\ min)$ (DB HS1-30).
- Absorción de agua: Coeficiente de absorción por capilaridad en $g/m^2.s^2$
- Permeabilidad al vapor de agua: valor y método de ensayo declarados.

DB HE 1 -Ahorro de energía- (para su uso en fábricas que componen la envolvente térmica):

- Resistencia térmica: en m^2 K/W o conductividad térmica equivalente en W/mK.
- Densidad aparente: en kg/m^3
- Dimensiones: nominales en mm.
- Tolerancia dimensional: para pieza dimensionada: clase (D1>D2>D3), para mampuesto escuadrado en mm, para mampuesto ninguna.

Exigencias reglamentarias según el Código Técnico de la Edificación		
DB SE-F - Seguridad estructural	DB HS 1 - Salubridad	DB HE 1 - Ahorro de Energía

Documentación exigida

Piezas Clase I (Resistencia a compresión fiabilidad ≥ 95 %):

- Sistema de verificación 2+:

■ Marcado CE (etiquetado) obligatorio (UNE-EN 771-6).

■ Declaración CE de conformidad suscrita por el fabricante.

■ Certificado del control de producción en fábrica emitido por organismo certificador.

Piezas Clase II (Resistencia a compresión fiabilidad < 95 %):

■ Sistema de verificación 3:

■ Marcado CE (etiquetado) obligatorio (UNE-EN 771-6).

■ Declaración CE de conformidad suscrita por el fabricante.

■ Informe o protocolo de los ensayos iniciales de tipo realizado por laboratorio notificado.

■ Sistema de verificación 4:

■ Marcado CE (etiquetado) obligatorio (UNE-EN 771-6).

■ Declaración CE de conformidad suscrita por el fabricante.

Piezas clase I: (resistencia a compresión fiabilidad ≥ 95 %)

Piezas clase II: (resistencia a compresión fiabilidad < 95 %)

Sistema de verificación 2+:
- Marco CE (etiquetado) obligatorio (UNE EN 771-6)
- Declaración CE de conformidad suscrita por el fabricante
- Certificado de control de producción en fábrica emitido por el organismo certificador

Sistema de verificación 3:
- Marco CE (etiquetado) obligatorio (UNE EN 771-6)
- Declaración CE de conformidad suscrita por el fabricante
- Informe de protocolo de los ensayos iniciales de tipo realizado por el laboratorio notificado

Sistema de verificación 4:
- Marco CE (etiquetado) obligatorio (UNE EN 771-6)
- Declaración CE de conformidad suscrita por el fabricante

Descripción del producto para su recepción

La documentación del producto deberá describir sus características físicas del mismo y sus tolerancias conforme a la normativa vigente de modo que:

- **Ha de contener:** dimensiones nominales y tolerancia, nombre tradicional, familia petrológica, color típico y lugar de origen, resistencia a la compresión media y dimensiones y forma de la probeta ensayada.
- Deben tener las **características** esenciales del Marcado CE (Tabla ZA.1).
- **Dimensiones:** nominales en mm.
- **Tolerancia dimensional:** para pieza dimensionada: clase (D1>D2>D3), para mampuesto escuadrado en mm, para mampuesto ninguna.
- **Configuración:** descripción.

5. Marcas homologadas y sellos de calidad de productos de albañilería

Los materiales utilizados en la construcción deben cumplir unas especificaciones técnicas definidas en el capítulo anterior, para el control de estos materiales existen diferentes marcas homologadas y sellos de calidad que, a continuación, pasaremos a definir.

- Documentación sobre el Marcado CE.
- Documentos de conformidad y distintivos de calidad.

5.1. Marcado CE

El Marcado CE sobre un producto indica que este cumple con todos los requisitos esenciales que son de aplicación (en virtud de las directivas comunitarias que le son de aplicación).

 **Nota**

Esto no implica que todo producto deba llevar el Marcado CE, ya que solo es obligatorio que lo posean aquellos productos que estén regulados por directivas comunitarias de Marcado CE.

Es totalmente indispensable que todo producto comercializado, o puesto en servicio, posea el correspondiente Marcado CE.

Marcado CE en los materiales de construcción (productos de albañilería)

La Directiva obliga a que los productos, una vez incorporados a las obras, satisfagan los requisitos esenciales, para lo que se establecen los **documentos interpretativos** que constituyen el nexo de unión entre los requisitos de las obras y las especificaciones que deberán cumplir los productos.

Características de Marcado CE

Cuando los productos cumplan las especificaciones se identificarán con el Marcado CE. El Marcado CE se puede realizar en base a:

- Normas armonizadas.
- DITES.

El Marcado CE de conformidad vendrá representado por el siguiente **símbolo de identificación:**

 **Nota**

El Marcado CE irá seguido del número de identificación del organismo encargado de la fase de control de la producción.

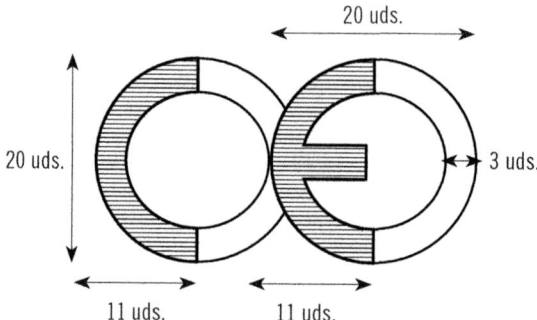

Inscripciones complementarias

El Marcado CE irá acompañado de:

- El nombre o la marca distintiva del fabricante.
- Las dos últimas cifras del año de colocación del marcado.
- El número de certificado CE de conformidad.
- En su caso, indicaciones que permitan identificar las características del producto atendiendo a sus especificaciones técnicas.

20 uds. / 20 uds. / 3 uds. / 11 uds. / 11 uds. (diagrama con símbolo CE)	Marcado de la conformidad CE con el símbolo "CE", según Directiva 93/68/CEE
Cerámica: xxxx Dirección:xxxx Código Postal:xxxx 04	Nombre o logotipo del fabricante y dirección registrada para el producto. Dos últimos dígitos del año en que se estampó el marcado.
EN 771-1. Bloque de arcilla cocida con perforación vertical, no visto, categoría II, tipo LD, Dimensiones (xxx,yyy,zzz) mm para uso estructural, con exigencias acústicas, térmicas y frente al fuego.	Número de la norma europea. Descripción del producto en función de las especificaciones técnicas de la norma armonizada según tipo de pieza y uso previsto.
Configuración: (dibujo descriptivo y acotado de la configuración según EN 1996-1-1: (Grupo 2a/2b. Uso estructural). Dimensiones y tolerancias: Longitud: xxx mm. Anchura: yyy mm, Grueso: zzz mm. Tolerancias del valor medio: Categoría (T1 / t2 / Tm). Recorrido: Categoría (R1 / R2 / Rm). Planeidad: (valor) mm. Paralelismo: (valor) mm. Resistencia a compresión. Categoría I: Resistencia media a compresión: (valor) N/mm^2. Resistencia a compresión normalizada: (valor) N/mm^2. Esfuerzo a compresión perpendicular a las caras de apoyo. (cuando proceda) Muescas destinadas a ser rellenadas con mortero: (SI/NO). Tipo de refrentado: (rectificado / refrentado por mortero). Prescripciones de resistencia a compresión (aplicables / no aplicables) a piezas con formas especiales y accesorios. Estabilidad dimensional: Expansión por humedad: NPD. Adherencia: Resistencia característica inicial a cortante: (valor) N/mm^2. método de obtención: Declaración basada en (valores tabulados según EN 998-2 Anexo C / valor de ensayo según EN 1052-3). Contenido para sales solubles activas: categoría: NPD Reacción al fuego:. Euroclase A1 (Contenido en materia orgánica ≤ 1% en masa o volumen distribuido de forma homogénea: sin necesidad de ensayo). Absorción de agua: Absorción de agua: No destinado a ser expuesto. Permeabilidad al vapor de agua: Coeficiente de difusión al vapor de agua: (valor) tabulado según EN 1745. Durabilidad: Resistencia al hielo/ deshielo: (FO) No destinado a ser expuesto.	Información sobre las características esenciales recogidas en el anexo ZA de la norma armonizada para el uso previsto

Ejemplo de información del Marcado CE aplicado a un Bloque de Arcilla Cocida Perforado, No Visto, tipo LD, Categoría II, para uso en muros resistentes, comercializado en un lugar sin exigencias reglamentarias para el contenido en sales solubles activas ni para la expansión por humedad.

Ejemplos de Productos de albañilería con Marcado CE obligatorio

- Paneles de yeso.
- Adhesivos a base de yeso para paneles de yeso.
- Kits de tabiquería interior (sin capacidad portante).
- Chimeneas. Terminales de los conductos de humos.
- Chimeneas. Conductos de humos de arcilla o cerámicos.
- Elementos auxiliares para fábricas de albañilería: tirantes, fleje. de tensión, abrazaderas y escuadras.
- Elementos auxiliares para fábricas de albañilería: dinteles.
- Elementos auxiliares para fábricas de albañilería: refuerzo de junta horizontal de malla de acero.
- Morteros de albañilería: morteros para revoco y enlucido.

5.2. Documentos de conformidad y distintivos de calidad

El primer sello que aparece en el mercado español es el **INCE**. El producto utilizable para la construcción o equipamiento de los edificios que ostente dicho distintivo, cumple las siguientes condiciones:

- La fabricación se hace con materia prima idónea.
- El fabricante dispone de los medios de fabricación y control apropiados.
- La calidad estadística de la producción es adecuada.

 **Nota**

El INCE es voluntario y se crea en 1977 como un reconocimiento expreso que se comprueba periódicamente.

La aparición de la marca **AENOR** de conformidad con norma UNE hizo que los Sellos INCE se integraran en la estructura de certificación AENOR.

La homologación, que se concede por un año natural, prorrogable, supone el **reconocimiento** por la Administración pública de la aptitud del procedimiento que siguen para otorgar la marca o sello.

Sellos y marcas homologadas en productos de albañilería

Marca AENOR	APPLUS
- cementos	- cemento
- arena normalizada	- otros

6. Proyecto

El documento que desarrolla una obra a ejecutar se denomina proyecto.

A efectos de su tramitación administrativa, todo proyecto de edificación podrá desarrollarse en dos etapas: la fase de proyecto básico y la fase de proyecto de ejecución. Cada una de estas fases del proyecto debe cumplir las siguientes condiciones:

a. El proyecto básico definirá las características generales de la obra y sus prestaciones mediante la adopción y justificación de soluciones concretas. Su contenido será suficiente para solicitar la licencia municipal de obras, las concesiones u otras autorizaciones administrativas, pero insuficiente para iniciar la construcción del edificio.

b. El proyecto de ejecución desarrollará el proyecto básico y definirá la obra en su totalidad sin que en él puedan rebajarse las prestaciones declaradas en el básico, ni alterarse los usos y condiciones bajo las que, en su caso, se otorgaron la licencia municipal de obras, las concesiones u otras autorizaciones administrativas.

 **Importante**

El proyecto describirá el edificio y definirá las obras de ejecución del mismo con el detalle suficiente para que puedan valorarse e interpretarse inequívocamente durante su ejecución.

6.1. Memoria, pliego de condiciones, planos y mediciones

El documento de proyecto está formado y ordenado en seis partes diferenciadas:

Memoria

En esta se desarrolla una memoria descriptiva y una memoria constructiva.

Memoria descriptiva

En la que aparecerán:

Los agentes intervinientes

Se dará la relación de las personas o empresas con los representantes del: promotor, proyectista y otros técnicos que suscriben el proyecto.

Información general

Sobre el lugar en el que se desarrolla el proyecto en relación con el entorno, circunstancias urbanísticas u otras normas que le afecten, y descripción de construcciones previas en el caso de rehabilitaciones, reformas, etc.

Recuerde

Todo proyecto de edificación podrá desarrollarse en dos etapas: la fase de proyecto básico y la fase de proyecto de ejecución.

Descripción del proyecto

Descripción general del edificio (programa de necesidades, uso característico del edificio y otros usos previstos, relación con el entorno), **Cumplimiento del CTE y otras normativas específicas** (normas de disciplina urbanística, ordenanzas municipales, edificabilidad, funcionalidad, etc.), **Descripción de la geometría del edificio** (volumen, superficies útiles y construidas, accesos y evacuación) y **Descripción general de los parámetros que determinan las previsiones técnicas a considerar en el proyecto** respecto al sistema estructural (cimentación, estructura portante y estructura horizontal), el sistema de compartimentación, el sistema envolvente, el sistema de acabados, el sistema de acondicionamiento ambiental y el de servicios.

En este punto se hará referencia a la obra de fábrica, en el caso de que aparezca como elemento estructural, y por tanto se explicará qué razón nos ha llevado a utilizarla y los aspectos básicos que se han tenido en cuenta a la hora de adoptar el sistema estructural para la edificación que nos ocupa, como sería, principalmente, la resistencia mecánica y estabilidad, la seguridad, la durabilidad, la economía, la facilidad constructiva, la modulación y las posibilidades de mercado, etc.

También puede aparecer como sistema de envolvente del edificio, y en este caso, definiremos los parámetros para su seguridad estructural, protección frente a la humedad, seguridad en caso de incendio, seguridad de utilización, aislamiento acústico y limitación a la demanda energética.

Prestaciones del edificio

Por requisitos básicos y en relación con las exigencias básicas del CTE se establecerán las limitaciones de uso del edificio en su conjunto y de cada una de sus dependencias e instalaciones.

 Importante

En la memoria descriptiva aparecen:

▌ Agentes intervinientes.
▌ Información general.
▌ Descripción del proyecto.
▌ Prestaciones del edificio.

Memoria constructiva

En esta se describen las características constructivas de las soluciones adoptadas en el proyecto, es decir, la composición, la forma de ejecución, las situaciones singulares, etc. La memoria constructiva definirá la obra en los siguientes puntos:

▌ Sustentación del edificio.
▌ Sistema estructural (cimentación, estructura portante y estructura horizontal).
▌ Sistema de envolventes.
▌ Sistema de compartimentación.
▌ Sistemas de acabados.
▌ Sistemas de acondicionamiento e instalaciones: Protección contra incendios, anti-intrusión, pararrayos, electricidad, alumbrado, ascensores, transporte, fontanería, evacuación de residuos líquidos y sólidos, ventilación, telecomunicaciones, etc.

■ Instalaciones térmicas del edificio proyectado y su rendimiento energético, suministro de combustibles, ahorro de energía e incorporación de energía solar térmica o fotovoltaica y otras energías renovables.

■ Equipamiento: Definición de baños, cocinas y lavaderos, equipamiento industrial, etc.

 Importante

En la memoria constructiva se describen las características constructivas de las soluciones adoptadas en el proyecto.

Cumplimiento del CTE

Justificación de las prestaciones del edificio por requisitos básicos y en relación a las exigencias básicas del CTE. La justificación se realizará para las soluciones adoptadas conforme a lo indicado en el CTE. También se justificarán las prestaciones del edificio que mejoren los niveles exigidos en el CTE.

■ Seguridad estructural.
■ Seguridad en caso de incendio.
■ Seguridad de utilización.
■ Salubridad.
■ Protección contra el ruido.
■ Ahorro de energía.

Cumplimiento de otros reglamentos y disposiciones

Justificación del cumplimiento de otros reglamentos obligatorios no realizada en el punto anterior, y justificación del cumplimiento de los requisitos básicos relativos a la funcionalidad de acuerdo con lo establecido en su normativa específica.

Anejos a la memoria

El proyecto contendrá tantos anejos como sean necesarios para la definición y justificación de las obras.

- Información geotécnica.
- Cálculo de la estructura.
- Protección contra el incendio.
- Instalaciones del edificio.
- Eficiencia energética.
- Estudio de impacto ambiental.
- Plan de control de calidad.
- Estudio de Seguridad y Salud o Estudio Básico, en su caso.

Planos

El proyecto contendrá tantos planos como sean necesarios para la definición en detalle de las obras. En caso de obras de rehabilitación se incluirán planos del edificio antes de la intervención.

- Plano de situación.
- Plano de emplazamiento.
- Plano de urbanización.
- Plantas generales.
- Planos de cubiertas.
- Alzados y secciones.
- Planos de estructura. Descripción gráfica y dimensional de todo del sistema estructural (cimentación, estructura portante y estructura horizontal). En este caso aparecerán las características técnicas del elemento de fábrica que se comporte como estructura.
- Planos de instalaciones.
- Planos de definición constructiva. Aparecen los tipos de cerramiento y particiones de fábricas con sus dimensiones y otras características de composición.
- Memorias gráficas.

 **Nota**

En las memorias gráficas pueden aparecer detalles contractivos de capialzados, pretiles, encuentros con otros elementos, etc.

Pliego de condiciones

Pliego de cláusulas administrativas. Disposiciones generales. Disposiciones facultativas. Disposiciones económicas

Este punto tiene por finalidad regular la ejecución de las obras fijando los niveles técnicos y de calidad exigibles, precisando las intervenciones que corresponden, según el contrato y con arreglo a la legislación aplicable al Promotor o dueño de la obra, al Contratista o constructor de la misma, sus técnicos y encargados, al Arquitecto y al Aparejador o Arquitecto Técnico y a los laboratorios y entidades de Control de Calidad, así como las relaciones entre todos ellos y sus correspondientes obligaciones en orden al cumplimiento del contrato de obra.

Pliego de condiciones técnicas particulares

Prescripciones sobre los materiales:

■ Características técnicas mínimas que deben reunir los productos, equipos y sistemas que se incorporen a las obras, así como sus condiciones de suministro, recepción y conservación, almacenamiento y manipulación, las garantías de calidad y el control de recepción que deba realizarse incluyendo el muestreo del producto, los ensayos a realizar, los criterios de aceptación y rechazo, y las acciones a adoptar y los criterios de uso, conservación y mantenimiento.
■ Estas especificaciones se pueden hacer por referencia a pliegos generales que sean de aplicación, Documentos Reconocidos u otros que sean válidos a juicio del proyectista.

Prescripciones en cuanto a la ejecución por unidades de obra:

- Características técnicas de cada unidad de obra indicando su proceso de ejecución, normas de aplicación, condiciones previas que han de cumplirse antes de su realización, tolerancias admisibles, condiciones de terminación, conservación y mantenimiento, control de ejecución, ensayos y pruebas, garantías de calidad, criterios de aceptación y rechazo, criterios de medición y valoración de unidades, etc.
- Se precisarán las medidas para asegurar la compatibilidad entre los diferentes productos, elementos y sistemas constructivos.

Prescripciones sobre verificaciones en el edificio terminado:

- Se indicarán las verificaciones y pruebas de servicio que deban realizarse para comprobar las prestaciones finales del edificio.

Recuerde

En el pliego de condiciones técnicas particulares se incluyen las prescripciones: sobre los materiales; en cuanto a la ejecución por unidades de obra; y sobre verificaciones en el edificio terminado.

Mediciones

Desarrollo por partidas, agrupadas en capítulos, conteniendo todas las descripciones técnicas necesarias para su especificación y valoración.

Presupuesto

Presupuesto aproximado:

- Valoración aproximada de la ejecución material de la obra proyectada por capítulos.

Presupuesto detallado:

- Cuadro de precios agrupado por capítulos.
- Resumen por capítulos, con expresión del valor final de ejecución y contrata.
- Incluirá el presupuesto del control de calidad.
- Presupuesto del Estudio de Seguridad y Salud.

Manual particular para uso y mantenimiento del edificio

El objetivo fundamental de este Manual no es otro que poner a disposición de los usuarios de los edificios destinados a viviendas, las instrucciones necesarias para que puedan cumplir las obligaciones asignadas a los mismos sobre el uso, mantenimiento y conservación por la Ley de Ordenación de la Edificación, Código Técnico de la Edificación, Ley de Propiedad Horizontal, Ley de Arrendamientos Urbanos, Legislación de Viviendas de Protección Oficial y demás disposiciones sobre la materia.

 Recuerde

El documento de proyecto está formado y ordenado en seis partes diferenciadas:

- Memoria.
- Planos.
- Pliego de condiciones.
- Mediciones.
- Presupuesto.
- Manual particular para uso y mantenimiento del edificio.

La información, instrucciones, orientaciones, asesoramiento y recomendaciones que se proporcionan persiguen como fines primordiales:

- Prevenir riesgos y costes de accidentes, protegiendo la integridad de las personas y bienes, tanto propios como ajenos a la edificación de que se trate.
- Contribuir a la mejora del confort y de la calidad de vida.
- Propiciar el alargamiento de la vida útil de la vivienda, el edificio y sus instalaciones.
- Colaborar a la protección del entorno y del medio ambiente, especialmente en materia de limitación de la contaminación atmosférica y molestias acústicas.
- Garantizar el servicio de las instalaciones, máquinas, aparatos y equipos cuidando de la eficacia de su funcionamiento.
- Fomentar el ahorro en los costes de explotación de los inmuebles, sobre todo en materia de consumos de agua y energía.

 Aplicación práctica

Se dispone usted a realizar un muro de fábrica de ladrillo en una obra, ¿de qué documentos del proyecto sacaría la información necesaria para su realización?

SOLUCIÓN

De la memoria del proyecto se obtiene la descripción del tipo de muro a realizar; de los planos, la ubicación y las dimensiones del muro; del pliego de condiciones, los niveles técnicos y de calidad exigibles; y de las mediciones y el presupuesto, la valoración y las cantidades a ejecutar de la unidad de obra.

6.2. Orden de prevalencia

El orden de prevalencia de un proyecto es el orden de prioridad e importancia que debe tener un proyecto de sus distintos documentos entre sí. Por tanto, en caso de discrepancia en la interpretación de un proyecto debe existir un orden de importancia que hace prevalecer uno sobre los otros.

Existe una norma UNE 157001 de junio de 2014 llamada "Criterios generales para la elaboración formal de los documentos que constituyen un proyecto técnico". En esta norma se dice que en el proyecto debe aparecer un capítulo de la memoria en el que el autor del Proyecto, frente a posibles discrepancias, establecerá el orden de prioridad de los documentos básicos del Proyecto. Y si no se especifica, el orden de prioridad será el siguiente:

1. Planos.
2. Pliego de condiciones.
3. Presupuesto.
4. Memoria.

Aunque existe una norma UNE que establece el orden en el caso de que no se especifique en ningún momento, en la práctica, los pliegos de condiciones suelen establecer su propio orden:

- Las condiciones fijadas en el propio documento de contrato de empresa o de arrendamiento de obra, si existiera.
- Memoria, anexos de cálculo, planos, mediciones, y presupuesto.
- El Pliego de Condiciones Generales.
- Los Pliegos de Condiciones Técnicas.
- En las obras y proyectos de instalaciones que así lo requieran:
- Estudio de Seguridad y Salud.
- Proyecto de control de la edificación.
- Las órdenes e instrucciones de la Dirección facultativa de las obras se incorporan al proyecto como interpretación, complemento o precisión de sus determinaciones.
- En cada documento, las especificaciones literales prevalecen sobre las gráficas, y en los planos, la cota prevalece sobre la medida a escala.
- Deberá incluir aquellas condiciones y delimitación de los campos de actuación de laboratorios y entidades de Control de Calidad acreditadas, si la obra así lo requiere.

 **Recuerde**

El orden de prevalencia de un proyecto es el orden de prioridad e importancia que debe tener un proyecto de sus distintos documentos entre sí.

Y en el caso de que sea el **contrato de obra,** aparecerá el orden de prelación en cuanto al valor de sus especificaciones en caso de omisión o aparente contradicción:

1. Las condiciones fijadas en el propio documento de contrato de empresa o arrendamiento de obra, si existiera.
2. El pliego de condiciones particulares.
3. El pliego general de condiciones.
4. El resto de la documentación de proyecto (memoria, planos, mediciones y presupuesto).

En las obras que lo requieran, también formarán parte el estudio de seguridad y salud y el proyecto de control de calidad de la edificación.

Deberá incluir las condiciones y delimitación de los campos de actuación de laboratorios y entidades de control de calidad, si la obra lo requiriese.

Las órdenes e instrucciones de la dirección facultativa de la obras se incorporan al proyecto como interpretación, complemento o precisión de sus determinaciones.

En el art. 35 de la Ley de Contratos del Sector Público, se dice:

e) La enumeración de los documentos que integran el contrato. Si así se expresa en el contrato, esta enumeración podrá estar jerarquizada, ordenándose según el orden de prioridad acordado por las partes, en cuyo supuesto, y salvo caso de error manifiesto, el orden pactado se utilizará para determinar la prevalencia respectiva, en caso de que existan contradicciones entre diversos documentos.

Y en el Reglamento General de la Ley de Contratos de las Administraciones Públicas: aprobado por Real Decreto 1098/2001, de 12 de octubre, se dice:

Artículo 126. Contenido mínimo de los proyectos. Los proyectos a que se refiere el artículo 124.2 de la Ley deberán contener, como requisitos mínimos, un documento que defina con precisión las obras y sus características técnicas y un presupuesto con expresión de los precios unitarios y descompuestos.

Artículo 127. Contenido de la memoria.

1. Serán factores a considerar en la memoria los económicos, sociales, administrativos y estéticos, así como las justificaciones de la solución adoptada en sus aspectos técnico funcional y económico y de las características de todas las unidades de obra proyectadas. Se indicarán en ella los antecedentes y situaciones previas de las obras, métodos de cálculo y ensayos efectuados, cuyos detalles y desarrollo se incluirán en anexos separados. También figurarán en otros anexos: el estudio de los materiales a emplear y los ensayos realizados con los mismos, la justificación del cálculo de los precios adoptados, las bases fijadas para la valoración de las unidades de obra y de las partidas alzadas propuestas y el presupuesto para conocimiento de la Administración obtenido por la suma de los gastos correspondientes al estudio y elaboración del proyecto, cuando procedan, del presupuesto de las obras y del importe previsible de las expropiaciones necesarias y de restablecimiento de servicios, derechos reales y servidumbres afectados, en su caso.

2. Igualmente, en dicha memoria figurará la manifestación expresa y justificada de que el proyecto comprende una obra completa o fraccionada, según el caso, en el sentido permitido o exigido respectivamente por los artículos 68.3 de la Ley y 125 de este Reglamento. De estar comprendido el proyecto en un anteproyecto aprobado, se hará constar esta circunstancia.

Artículo 128. Aspectos contractuales de la memoria. La memoria tendrá carácter contractual en todo lo referente a la descripción de los materiales básicos o elementales que forman parte de las unidades de obra.

En todo caso y como se mencionó al principio, en caso de no tener referencia del orden de prevalencia se seguirá lo establecido en la norma UNE 157001. Consideremos que en muchos casos no existe el contrato, sino tan solo el proyecto con sus distintos documentos. El contrato es posterior a la elaboración del proyecto, por lo que la empresa que presupueste un proyecto debería seguir este orden. En la realidad de la calle muchas veces las empresas contratadas se ciñen a las mediciones contratadas.

6.3. Revisiones

El documento de proyecto sufre distintas revisiones en su elaboración y terminación. Durante su elaboración sufrirá revisiones debido a:

- OCT, organismo de control técnico obligatorio en todo edificio acogido a un seguro decenal.
- Revisiones como respuesta a informe geotécnico del terreno, de empresas suministradoras, instalaciones realizadas por otros técnicos (telecomunicaciones, iluminación, electricidad, etc.).

Una vez realizado el proyecto, este tendrá revisión por parte de:

- El organismo de control técnico (OCT), que revisará el proyecto una vez finalizado.
- El Colegio Oficial del técnico que suscriba el documento (arquitecto, arquitecto técnico, ingeniero, ingeniero técnico, etc.). Como resultado se obtendrá el visado de este.
- Los ayuntamientos para la obtención de licencia de obras.
- Otras administraciones: patrimonio, urbanismo, obras públicas, medio ambiente, etc.

 Nota

Solo están exentos los edificios de escasa entidad constructiva y sencillez técnica que no tengan, de forma eventual o permanente, carácter residencial ni público y se desarrollen en una sola planta, y las viviendas unifamiliares de autopromoción que no sufran una venta en menos de 10 años.

Aplicación práctica

Trabaja en una empresa de control de calidad y le encargan revisar la documentación de una vivienda unifamiliar. Al cotejar la misma descubre que existe un lucernario en los planos de cubierta que no tiene una partida asignada en el presupuesto. En el pliego de la obra no se indica qué documento prevalece frente al resto. Tampoco ha encontrado la memoria de la obra. Elabore una tabla tipo *check list* (listado de comprobación) que sirva para anotar qué documentos principales le han entregado (o no) para este tipo de obra. Divida y ordene la lista según las fases de elaboración del proyecto. Dentro de ese listado desglose los documentos del proyecto de ejecución por orden de prevalencia. Añada una columna para observaciones.

SOLUCIÓN

Fase	Documento	Recibido	Observaciones
Proyecto Básico			
	Memoria		
	Planos		
Proyecto de Ejecución			
	Planos		
	Pliego de Condiciones		
	Presupuesto		
	Memoria		
	Manual de mantenimiento		
Estudio de Seguridad y Salud			
Plan de Seguridad y Salud			
Reformado			
Ampliación			
Otros			

7. Tipos de obras

En el desarrollo de ejecución de obras se pueden dar tres formas de actuación mediante la fábrica de ladrillo.

7.1. Nueva planta

Las obras de nueva planta se refieren a aquellas en las que no existe ninguna construcción previa y partimos de una obra desde cero con los únicos límites impuestos por normas urbanísticas, estatales, autonómicas o municipales. Por lo tanto, nuestras obras de fábrica comenzarían a partir de una cimentación o/y una estructura proyectada y ejecutada.

Este tipo de obra suele requerir licencia de obra mayor.

7.2. Conservación

Este tipo de obras se refieren a todas aquellas relativas a la conservación y mantenimiento de los edificios. Suelen ser pequeñas obras de reparación de fisuras, limpieza de paramentos y cubiertas, pintura, etc. En el caso de la fábrica, dependiendo del tipo de esta y del tipo de patología, requerirá un tipo de reparación.

Este tipo de obra podrá requerir de licencia de obra menor o mayor dependiendo de la envergadura de la obra. Además, en su caso podrá requerir licencia de andamios, de ocupación de vía pública, etc.

7.3. Remodelación y rehabilitación

Las obras de **remodelación** suelen ser intervenciones en edificaciones en las que se reforman espacios o volúmenes completos. Son intervenciones que pueden afectar a la volumétrica, espacios, funcionamiento, etc. Son actuaciones en las que se cambia el uso de un edificio, se modifica o amplía su funcionamiento, se ajusta a nuevas normativas o reglamentaciones, etc.

Ejemplo

Una muestra de remodelación sería cualquiera de las intervenciones en edificios públicos en los que se modifica o amplía su uso.

En el caso de la **rehabilitación,** es una intervención que tiene que ver con el estado de conservación del edificio o sus elementos y que suele afectar de forma más generalizada. Suelen ser edificios catalogados y que debido a su protección no tienen la posibilidad de remodelación pero sí de rehabilitación. Un ejemplo serían las obras de reparación de fachada de fábrica de piedra, bóvedas, cúpulas, cimentaciones, etc. Estas obras suelen ser muy costosas ya que muchas veces se desconoce la patología que afecta al edificio, el tiempo de intervención y los medios necesarios.

Definición

Edificio catalogado

Es aquel que se encuentra en un catálogo de edificios. En este catálogo se ordena la edificación por importancia de su valor artístico, arquitectónico, urbanístico u otros criterios que definirá el propio catálogo. Estos valores son los que habrá que proteger y por tanto influirá en el tipo de obra que puede desarrollarse en el edificio en cuestión. Se puede dar el caso de que tan solo se permitan obras de conservación.

Un ejemplo lo tendríamos en las continuas rehabilitaciones de la piedra de la Catedral de Sevilla, la reciente intervención de la Iglesia del Salvador o el Palacio de San Telmo (Palacio de la Presidencia de la Junta de Andalucía). Otras intervenciones serían las del Hospital de las Cinco Llagas, actual Parlamento Andaluz.

Este tipo de obra suele necesitar de licencia de obra mayor.

 Aplicación práctica

Suponga que es el jefe de obras de un proyecto que se va a iniciar en cuanto esté toda la documentación necesaria. ¿Qué documentación necesitaría para el inicio de la obra?

SOLUCIÓN

El proyecto de ejecución, la licencia de obras, el plan de seguridad con el libro de inciden-cias, el libro de órdenes (facilitado por la dirección facultativa) y la apertura del centro de trabajo. El mismo día del comienzo de la obra se realizará el acta de replanteo.

8. Tajos de albañilería en los distintos procesos de construcción

Los trabajos de albañilería aparecen en una obra en diferentes procesos de construcción, que pasamos a enumerar:

- **En fase de albañilería,** los tajos o trabajos que se pueden realizar son los siguientes:

  - Elaborar pastas, morteros, adhesivos y hormigones.
  - Construir fábricas para revestir.
  - Construir fábricas vistas.
  - Construir cerramientos exteriores, combinación de muros exteriores y tabiques interiores.
  - Realizar tabiquería interior.
  - Realizar emparchados de forjados y cornisas de ladrillo en fachadas.
  - Peldañeado de escaleras.
  - Organizar trabajos de albañilería.

- **En fase de saneamiento,** la realización de las arquetas de ladrillo.

- **En fase de cimentaciones,** la realización de encofrados de ladrillo en vigas de cimentación.
- **En fase de cubiertas,** la realización de los tabiques de formación de pendiente en las cubiertas inclinadas y de los pretiles de las cubiertas transitables.

 Recuerde

En el desarrollo de ejecución de obras se pueden dar tres formas de actuación mediante la fábrica de ladrillo:

▮ Nueva planta.
▮ Conservación.
▮ Remodelación y rehabilitación.

9. Tajos y oficios relacionados con los recursos y técnicas de albañilería

El albañil interviene prácticamente durante toda la ejecución de la obra en sus distintas fases. Normalmente el ámbito de actuación de un albañil comienza una vez finalizada la estructura, con el levantamiento de fábricas, ejecución de divisiones, formación de pendientes de cubiertas, etc.

También suele actuar en otras fases como el revestimiento de paramentos, cubrición de tejas, demoliciones, etc., pero en estas fases se requiere una mayor especialización, ya que se trata de fases de terminación, en las cuales el obrero que interviene está especializado solo en esa tarea.

A continuación detallaremos las distintas **fases en las que interviene el obrero albañil y el albañil especializado:**

- **Demoliciones:** demoliciones de muros y tabiques, picado de revestimientos, aberturas de huecos.

- **Movimiento de tierras:** entibaciones y pequeñas zanjas.
- **Cimentación y estructuras:** en esta fase suelen actuar obreros especializados tales como ferrallistas y encofradores. No obstante, si la estructura consiste en muros de fábrica, interviene el obrero albañil.
- **Cerramientos, tabiquería, formación de pendientes.**
- **Aislamientos e impermeabilizaciones.**
- **Revestimientos continuos:** enfoscados, guarnecidos y enlucidos, falsos techos, alicatado y solados, cubrición de tejas. En esta fase actúa mano de obra especializada como yeseros, escayolistas, alicatadores, soladores y tejeros. Normalmente el enfoscado de cemento lo ejecuta el obrero albañil.
- **Obras de urbanización** (acerados, vallas).
- Etc.

Recuerde

Se pueden desarrollar trabajos de albañilería en los distintos procesos o fases de la construcción de una obra:

I Fase de albañilería.
I Fase de saneamiento.
I Fase de cimentaciones.
I Fase de cubiertas.

Además de lo nombrado anteriormente, algunas fases de la obra como las instalaciones, carpinterías, entre otras, necesitan del obrero albañil para poder culminar su cometido. A esto se le denomina **ayudas a oficios:**

- **Saneamiento:** ejecución de arquetas de ladrillo, zanjas.
- **Fontanería:** apertura de regolas, sujeción de aparatos sanitarios.
- **Electricidad y telecomunicaciones:** apertura de regolas, colocación de cajas.
- **Carpinterías:** colocación de premarcos de puertas y ventanas, sujeción de persianas, fijación de patillas de rejas y barandillas.

10. Interpretación de planos y realización de croquis sencillos de obras de fábrica

El proceso constructivo se emplea para llevar a buen efecto lo proyectado por el técnico. Es de vital importancia la buena interpretación de los planos que definen el proyecto, por eso en todo momento tenemos que saber:

- **Qué vista y situación tenemos del edificio:** planta, nivel de planta, alzado, sección o incluso volumetría.
- **En qué proceso constructivo nos encontramos:** estructura, albañilería, carpintería, etc.

Recuerde

El obrero albañil también interviene ayudando a otros oficios en las tareas de Saneamiento, Fontanería, Electricidad y telecomunicaciones, y Carpintería.

10.1. Cartela

En los planos aparecerá siempre una cartela en la esquina inferior derecha. La cartela estará impresa en el propio plano con el diseño elegido por el técnico redactor del proyecto. En esta cartela aparecerá al menos:

- La referencia de la obra: definición de la obra, dirección, promotor, técnico, fecha y visado colegial.
- Indicación del proceso contractivo junto a la vista que proceda.
- Escala del dibujo para poder medir directamente en obra mediante escalímetro.
- Símbolo de orientación norte. Puede estar cerca de la cartela o en otra esquina del plano. Esta flecha indicará siempre la orientación norte.

10.2. Escala

Es importante conocer en qué escala está dibujado el plano antes de trabajar con él. Incluso puede ocurrir que en el mismo plano existan dibujos en distinta escala.

10.3. Cota

Es muy importante conocer el significado de la cota. La cota, nos informa de una medida o de un nivel. En los planos de planta pueden aparecer cotas de nivel que:

- Nos informen de la distancia a la cota 0,00 del proyecto que suele ser la del nivel de la calle, a la entrada de la puerta principal (en todo caso, el proyecto definirá esta cota).
- Nos den medida de un elemento en planta o en sección. Se componen de:

  - Una **línea de referencia** que marca desde qué punto hasta qué otro punto se mide y si son perpendiculares al elemento acotado.
  - Una **línea de cota** que es paralela al elemento acotado y en él aparece la cota numérica.

- En la intersección entre la línea de referencia y la de acotado está el **trazo que la marca,** que puede ser un trazo inclinado, una flecha, un círculo, un punto grueso, etc.

Esquema de Cota

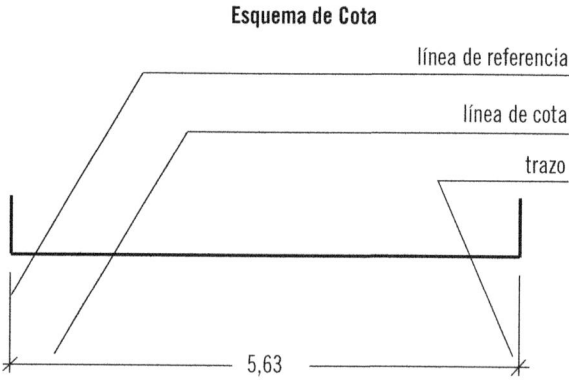

línea de referencia

línea de cota

trazo

5,63

Dentro de las cotas existen cotas de ángulo, de diámetros o radio de circunferencias.

Las cotas pueden ser parciales elemento a elemento, o arrastradas a origen. Estas últimas evitan errores arrastrados de las sumas parciales. Es decir, que si medimos elemento a elemento medimos por tramos de cerramiento una cota detrás de otra y cuando acotamos a origen tendremos siempre la línea de referencia primera en el mismo punto de origen.

 Recuerde

La cota se compone de:

▮ Línea de referencia.
▮ Línea de cota.
▮ Trazo.

Tipos de cota

cotas elemento a elemento

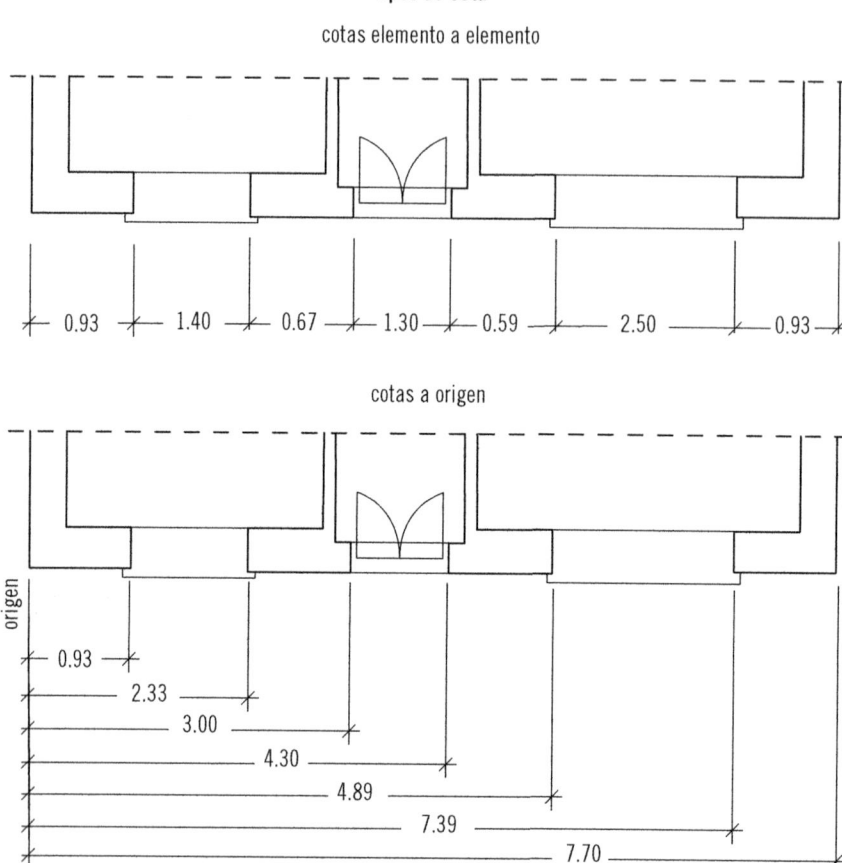

cotas a origen

10.4. Símbolos

En los planos suele aparecer una simbología para identificar distintos elementos de instalaciones de electricidad, fontanería, saneamiento, etc. Sobre simbología existen diversas fuentes en las normas UNE de AENOR. Por eso en los planos, además de marcarse estos símbolos, deberá aparecer un cuadro descriptivo de esta simbología. A continuación se presentan detalles de cimentación con simbología de arquetas de saneamiento.

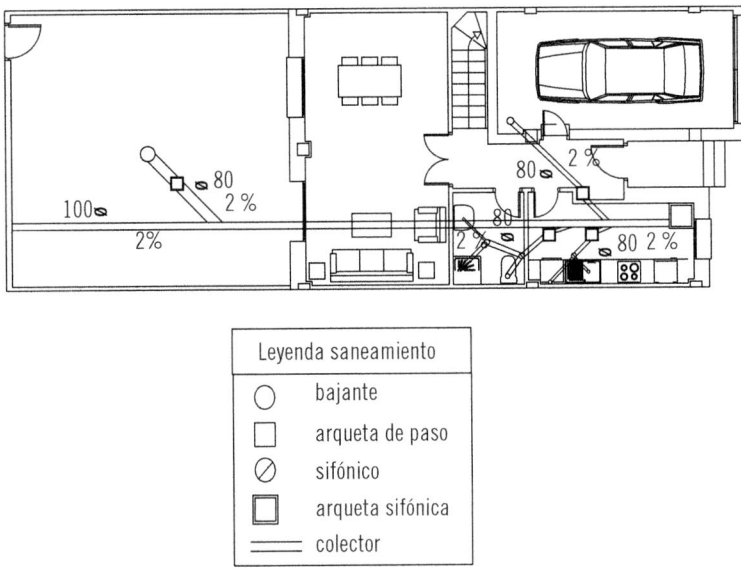

Leyenda saneamiento	
◯	bajante
▢	arqueta de paso
⊘	sifónico
▢	arqueta sifónica
══	colector

10.5. Planos

En los planos de albañilería, que definen las obras de fábrica, suelen aparecer otras indicaciones en las que se define el material con el que está hecha la albañilería y su posición. Para ello se incluirá una tabla informativa con la nomenclatura utilizada que aparecerá en los planos. Ver tabla ejemplo:

ALBAÑILERÍA			
Cod.	Denominación	Espesor cm.	Materiales-composición
C1	Cerramiento 1 pie	35	Lad. Perf. 1 pie+aislamiento+cámara+tab. LHD-4
C	Cerramiento	30	Lad. Perforado+aislamiento+cámara+tab. LHD-7
M1	Muro 1 pie	27	Lad. Perforado 24/11, 5/10
M2	Muro medianera	20	Tabicón LHD-7+aisl. acústico+tabicón LHD-7
M3	Citara lp 1/2 pie	15	Lad. Perforado 24/11, 5/10
MT	Muro termoarcilla	27	Bloque termoarcilla-30/24/19

Continúa en página siguiente >>

<< Viene de página anterior

ALBAÑILERÍA			
Cod.	Denominación	Espesor cm.	Materiales-composición
MH	Muro hormigón armado	25	Hormigón armado
MB	Muro bloques hormigón	23	Bloque de hormigón 40/20/20
T1	Tabicón lad. hueco doble	10	Tabicón LHD 24/11, 5/07
T2	Tabique lad. hueco simple	07	Tabique LHD 24/11, 5/04
PT	Pretil	27	Lad. Perforado 24/11, 5/10

Otras tablas informativas son las relacionadas con los acabados de los distintos paramentos y que se deben explicar mediante una cartela. Se debe indicar en qué paramentos (suelo, pared, techo). Un ejemplo sería:

	REVESTIMIENTOS		
	Cod.	Denominación	Materiales-composición
	E	Enfoscado mortero	Mortero de cemento M5 (1/6)
	GE	Guarnecido y enlucido	Pasta de yeso YF-YG
	L	Enlucido yeso	Pasta de yeso YF
	P	Enlucido perlita	Pasta de perlita-escayola E-30
1. Techo	Y	Escayola	Placa de escayola lisa
2. Pavimento	YA	Escayola acústica	Placa de escayola acústica registrable
3. Pared	A	Alicatado	Plaqueta cerámica vidriada de 20x20 cm.
	TC	Cubierta cerámica	Teja cerámica curva de 40x19 cm.
	TH	Cubierta hormigón	Teja de hormigón coloreado de 42x33 cm.
	TP	Cubierta pizarra	Placas de pizarra de 40x20 cm.
	G	Solado de gres	Baldosa de gres 20x20 cm.
	FG	Solado de ferrogres	Baldosa de ferrogres 20x20 cm.
	BC	Solado de baldosa cer.	Baldosa de cerámica 14x28 cm.

Continúa en página siguiente >>

<< Viene de página anterior

		REVESTIMIENTOS	
	Cod.	**Denominación**	**Materiales-composición**
1. Techo	M	Solado de mármol	Baldosa p. caliza crema Sevilla 40x40x02 cm.
2. Pavimento	T	Solado de terrazo	Baldosa de terrazo grano medio 40x40 cm.
3. Pared	SC	Solera de hormigón	Hormigón armado, tratamiento de cuarzo
	M	Montera	Aluminio y vidrio

Al ver los planos podremos ver que existen líneas con un mayor grosor que otras. Las líneas gruesas suelen indicar la sección de los materiales, y las más finas las proyecciones. Se presenta formato de plano completo de albañilería:

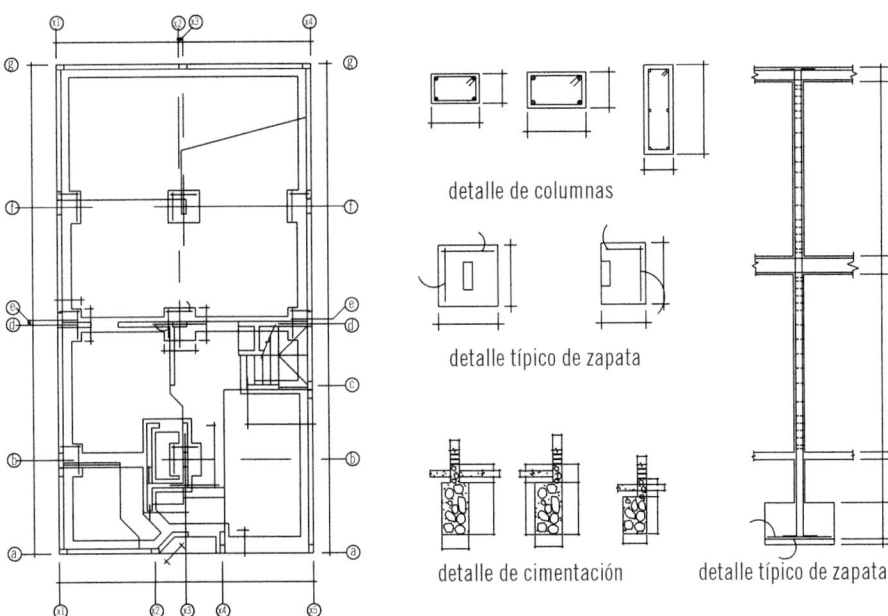

detalle de columnas

detalle típico de zapata

detalle de cimentación   detalle típico de zapata

Durante la realización de la obra y con las visitas de la dirección facultativa, se podrán indicar soluciones o detalles mediante croquis sencillos y aclaratorios que se localizarán sobre los propios planos del proyecto u otro elemento (pilar, paramento, encofrado).

11. Resumen

En conclusión, en este capítulo hemos analizado todos los documentos de referencia sobre fábricas de albañilería. El objetivo del estudio de estos documentos es saber cuáles son las normativas generales que afectan a cualquier tipo de obra de fábrica de albañilería y también, particularmente, cuáles son las exigencias pedidas por el proyecto de la obra que estemos realizando.

Así, el proyecto describirá el edificio y definirá las obras de ejecución del mismo con el detalle suficiente para que puedan valorarse e interpretarse inequívocamente durante su ejecución.

Por último, se han explicado, de forma más general, la interpretación de planos y los croquis en la obra, aspecto que también puede extrapolarse a otros oficios de la obra (estructuristas, instaladores, etc.).

Ejercicios de repaso y autoevaluación

1. **El CTE establece exigencias básicas establecidas en:**

   a. Norma Básica de la Edificación, Muros resistentes de fábrica de ladrillo (NBE FL-90).
   b. Ley de Ordenación de la Edificación (LOE).
   c. Código Técnico de la Edificación (CTE).
   d. Acciones en la Edificación, queda derogada por el Código Técnico de la Edificación (NBE AE-88).

2. **En el campo de aplicación del Documento Básico SE-F. Seguridad estructural - Fábrica se excluyen...**

   a. ... las fábricas de ladrillo.
   b. ... los bloques de cerámica aligerada.
   c. ... los bloques de hormigón.
   d. ... las fábricas construidas con piezas colocadas "en seco".

3. **Las Normas tecnológicas de la edificación (NTE) son:**

   a. Normativas de obligado cumplimiento.
   b. Recomendables de no obligado cumplimiento.
   c. Normativa derogada.
   d. Normativa en redacción para un futuro cumplimiento.

4. **El ámbito de aplicación de las Normas tecnológicas de la edificación es:**

   a. Cálculo de muros resistentes de bloques de hormigón, en edificios de hasta 4 plantas sobre el nivel del terreno y en lugares donde el grado sísmico sea inferior a 8.
   b. Cálculo de muros resistentes de bloques de hormigón, en edificios de hasta 6 plantas sobre el nivel del terreno y en lugares donde el grado sísmico sea inferior a 8.
   c. Cálculo de muros resistentes de bloques de hormigón, en edificios de hasta 4 plantas sobre el nivel del terreno y sin límite del grado sísmico.
   d. Cálculo de muros resistentes de bloques de hormigón, sin limitación.

5. **Los ladrillos y bloques cerámicos según la UNE EN 771-1:2011, se clasifican en...**

    a. ... cara vista y revestidas.
    b. ... macizo, perforado y hueco.
    c. ... estructural y no estructural.
    d. ... LD y HD.

6. **El marcado CE sobre un producto indica...**

    a. ... que éste cumple con todos los requisitos exigidos por el CTE.
    b. ... que éste cumple con todos los requisitos del CTE SE-F.
    c. ... que éste cumple con todos los requisitos esenciales que son de aplicación en virtud de las directivas comunitarias que le son de aplicación.
    d. ... que éste cumple con todos los requisitos esenciales que son de aplicación en virtud de distintas normativas españolas.

7. **¿Qué documento es necesario para la concesión de la licencia urbanística?**

    a. Proyecto básico.
    b. Proyecto de ejecución.
    c. Estudio de seguridad y salud.
    d. Certificado final de obra.

8. **El documento de proyecto de divide en...**

    a. ... memoria y planos.
    b. ... memoria, planos, pliego de condiciones, mediciones y presupuesto y estudio de seguridad y salud.
    c. ... memoria, planos, pliego de condiciones, mediciones y presupuesto y manual particular para uso y mantenimiento del edificio.
    d. ... memoria, planos, pliego de condiciones, mediciones y presupuesto y certificado final de obra.

9. En el caso de no existir ningún apartado en el proyecto del orden de prevalencia, éste será:

    a. Planos, Presupuesto, Pliego de condiciones y Memoria.
    b. Planos, Pliego de condiciones, Presupuesto y Memoria.
    c. Pliego de condiciones, Planos, Presupuesto y Memoria.
    d. Planos, Memoria, Presupuesto y Pliego de condiciones.

10. ¿Qué es el orden de prevalencia?

    a. Es el orden en el que se tiene que visar el proyecto.
    b. Es el orden de revisión del proyecto por parte de la administración.
    c. Es el orden en el que se debe presentar un proyecto.
    d. Es el orden de prioridad e importancia que debe tener un proyecto de sus distintos documentos entre sí.

Capítulo 2
Organización de obras de fábrica

Contenido

1. Introducción

En el proceso constructivo de una fábrica es necesario:

- Tener organizado el trabajo mediante los planes de obra, de calidad y de seguridad.
- En relación al tajo de obra, su ordenación, distribución, planificación.
- Controlar el cumplimiento de los partes de producción, incidencias, suministro, entrega, etc.
- Conocer los distintos procesos constructivos, las condiciones de estos y los distintos tipos.

Para un buen resultado necesitaremos los controles de calidad de la ejecución y de los materiales. Por último, el conocimiento de las distintas patologías facilitará su subsanación.

Todos estos puntos tan necesarios en el proceso constructivo de una fábrica se verán a lo largo de este capítulo.

2. Plan de obra

El plan de obra consiste en el análisis del proyecto de ejecución de la obra que se va a desarrollar, en los recursos que poseemos para ejecutarla, en todos los condicionantes que puedan afectar a la obra y en la secuencia temporal en la que se realizará la obra.

Cuando se ha estudiado todo lo anterior, se puede realizar un plan de obra que nos lleve a nuestro objetivo.

2.1. Proyecto y planos

Para desarrollar lo más eficazmente posible el plan de la obra, antes debemos estudiar todos los documentos de que consta el proyecto de ejecución de la obra que vayamos a realizar y, en concreto, de las partes que afecten a la albañilería.

 **Consejo**

Un buen estudio del proyecto de ejecución nos ayudará a elegir los mejores procedimientos para la ejecución de la obra y a razonar con la dirección facultativa algún posible cambio.

Empezaremos por analizar la **memoria** del proyecto, fijándonos, sobre todo, en lo siguiente:

- Materiales de albañilería a utilizar, para iniciar los trámites de su adquisición.
- Posibles alternativas de las unidades a consultar con la dirección facultativa.

En el **pliego de condiciones** analizaremos:

- Criterios de medición y abono de las unidades más importantes.
- Calidad y controles de calidad exigidos para dichas unidades.
- Plazos contractuales.
- Equipos necesarios para su ejecución.

En los **planos** debemos comprobar:

- La definición geométrica de los replanteos de albañilería, comprobando las medidas parciales y totales, para evitar posibles errores.
- Deberemos comprobar las medidas necesarias para el trazado de los diferentes elementos a realizar (tabiques, muros, cerramientos, etc.), así como la situación de cualquier elemento que se vaya a construir.
- Las posibles contradicciones entre los planos y los demás documentos.
- Según las dimensiones de la obra, sería conveniente la realización de planos de organización de la obra, que definan la situación de los diferentes tajos, los equipos, los medios auxiliares. Esto se refleja, algunas veces, en el plan de seguridad de la obra.

En las **mediciones** se debe:

- Revisar todas las unidades de las partidas, para poder obtener superficies y volúmenes totales de materiales a encargar.
- Comprobar el desglose de las mediciones para conocer los incrementos o defectos en la realidad de la obra con relación al proyecto.
- Revisar si la descripción de las unidades de obra coincide con la señalada en el proyecto.

Por otra parte, además del proyecto de ejecución, es necesario estudiar el **plan de seguridad,** tema que trataremos más adelante.

 Recuerde

Para desarrollar lo más eficazmente posible el plan de la obra, antes debemos estudiar el proyecto de ejecución (memoria, pliego de condiciones, planos, mediciones) y el plan de seguridad.

2.2. Secuencia temporal

La secuencia temporal pretende representar todas las actividades que estén implicadas en la obra en el orden lógico en que deben desarrollarse, así como una noción de los medios que se le deben asignar a cada tarea.

La estimación de tiempos nos va a permitir realizar una óptima planificación de los recursos y adecuar el acopio de materiales al ritmo de trabajo, para que ni se desborde la capacidad de almacenamiento de materiales en la obra, ni se produzcan paradas en la producción.

Diagramas Gantt

Los diagramas o redes Gantt suponen un método de planificación muy utilizado por la sencillez y la claridad con la que se exponen sus datos. Las redes Gantt son tablas de doble entrada.

 Nota

En el eje horizontal se distribuyen los días y en el eje vertical las actividades que tenemos previsto realizar.

Con una tabla de este tipo se puede desarrollar un plan de trabajo y una secuencia temporal que te permita trabajar con el máximo rendimiento posible.

Esta programación de primer nivel puede asemejarse a un almanaque de obra en el que mediante un gráfico se señalan las fechas de comienzo y fin de cada una de las unidades que conforman la totalidad de la obra. Con el almanaque de obra se refleja el resultado de la toma de decisiones con respecto a las técnicas que se utilizarán, a los **recursos** de que dispondremos (un montacargas o una grúa por ejemplo), al plazo de tiempo previsto, etc. Por tanto, esta programación general no entra a fondo en detalles de las distintas unidades de obra.

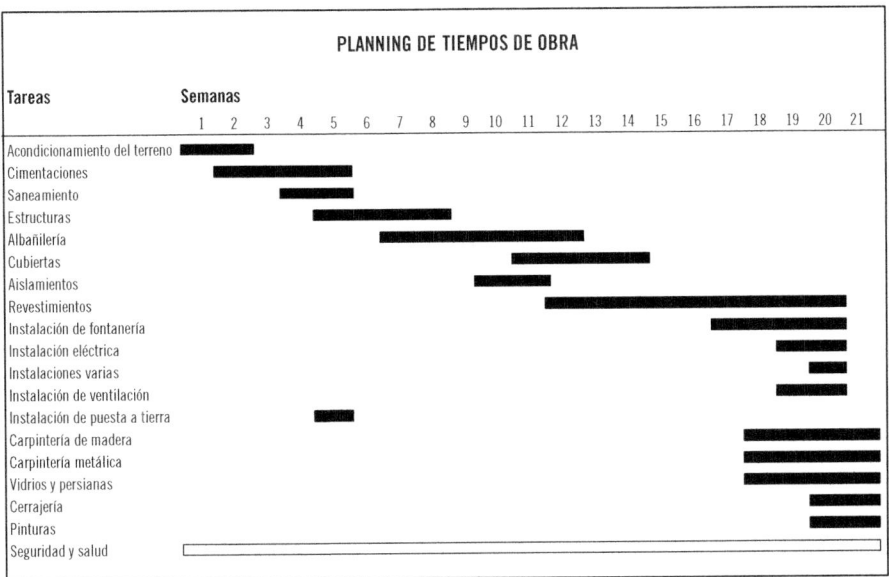

Ejemplo de planning de obra

Otros niveles de programación, serían los Gantt parciales, que reflejan detalladamente la asignación de medios de producción y de tiempos de ejecución para cada una de las actividades previstas para un corto espacio de tiempo.

Esta programación parcial será con la que trabaje el encargado de la obra, y gracias a ello podrá llevarse un control del desarrollo de la obra, mediante la comparación de los trabajos que se preveía realizar con los realmente ejecutados, para así poder tomar las medidas necesarias para posibles correcciones.

2.3. Recursos

Como ya hemos dicho, una correcta planificación de la obra nos permite tener una aproximación de los recursos que nos van a ser necesarios durante la obra.

 **Nota**

Estos recursos o medios pueden ser humanos, materiales, equipos o medios auxiliares.

Los recursos humanos son el número de operarios necesarios para realizar las actividades. Se debe procurar que el personal empleado en la obra en los primeros días permanezca en la obra el mayor tiempo posible. Para ello el plan de obra prevé la asignación de las cuadrillas a diferentes tajos a lo largo de su desarrollo, evitando despidos innecesarios o que haya personal desocupado en la obra.

Con la programación de la obra, también se puede estudiar cuál es el momento apropiado para realizar el aprovisionamiento de materiales, para que ningún tajo se quede sin materiales y esto haga ralentizar la obra, ni que, por el contrario, se tenga un exceso de materiales y acopios que llegue a dificultar la circulación en la obra.

Además, en el plan de obra se debe hacer el estudio de los equipos y medios auxiliares recomendables para una mejor ejecución de la obra. Por ejemplo, la necesidad o no de montar una grúa torre debe ser estudiada con antelación, se debe ver si con este medio auxiliar se va a adelantar en el reparto de los acopios en los diferentes tajos de la obra, y este adelanto supone una mayor productividad, o si, por el contrario, este adelanto que se produce no es amortizado porque el volumen de la obra no es el suficiente para rentabilizar el coste mensual que supone la instalación de la grúa.

3. Plan de calidad, criterios y plan de muestreo

Definiremos **calidad** como la propiedad o conjunto de propiedades inherentes a algo, que permiten apreciarlo como igual, mejor o peor que los restantes de su especie.

Todas las tareas necesarias para llevar a cabo un buen Control de Calidad como prevención, inspección, ensayos, etc., tienen un coste económico. Este coste se refleja en el programa que normalmente realiza el arquitecto o el aparejador.

 **Definición**

Control de Calidad
Es la verificación con la que se comprueba que la obra, el producto, o la partida de obra tienen las características de calidad especificadas en el proyecto.

La Norma ISO 9004 define estos costes de calidad. Estos costes normalmente van entre el 1 % y el 3 % del coste de la obra (sin contar el valor del solar o beneficios).

Existe también el concepto de No Calidad, es decir, sin calidad. A pesar de lo que se pueda pensar, la no calidad alcanza unos costes superiores a los de la calidad aunque estos intenten ser encubiertos, rebajándolos de los beneficios.

La Normalización intenta establecer soluciones para situaciones que se repiten; Homologación es una certificación obligatoria, es la aprobación oficial de un producto, proceso, etc.; y por último Certificación, que es algo voluntario, se trata de emitir una serie de documentos demostrando que se ajusta a las normas técnicas. La actividad de certificar se basa en la emisión de Marcas o Sellos de Calidad.

La Normativa referente a la ejecución de obras es amplia, y va variando con el tiempo. Existe una Normativa Europea, una española y una para las comunidades. Será imprescindible conocer la normativa vigente y adecuada a cada proyecto.

Cada vez es más habitual encontrarse con empresas que han implantado un sistema para asegurar la calidad. Las empresas que desean tener un aseguramiento en calidad tienen que solicitar, conseguir y mantener la Certificación del Sistema de Calidad ISO-9000 (normas de la Organización Internacional de Normalización), sus equivalentes europeas EN y las españolas UNE (Una Norma Española), a través de los centros de certificación.

En el proceso constructivo de la obra de fábrica será necesario tener un control de calidad que se ajuste a lo prescrito en el plan de control del proyecto redactado por el técnico competente. Además, en el pliego de condiciones se exigirán una serie de características mínimas.

Prescripciones sobre los materiales. Características técnicas mínimas que deben reunir los productos, equipos y sistemas que se incorporen a las obras, así como sus condiciones de suministro, recepción y conservación, almacenamiento y manipulación, las garantías de calidad y el control de recepción que deba realizarse incluyendo el muestreo del producto, los ensayos a realizar, los criterios de aceptación y rechazo, y las acciones a adoptar y los criterios de uso, conservación y mantenimiento.

- Estas especificaciones se pueden hacer por referencia a pliegos generales que sean de aplicación, documentos reconocidos u otros que sean válidos a juicio del proyectista.
- Prescripciones en cuanto a la ejecución por unidades de obra.
- Características técnicas de cada unidad de obra indicando su proceso de ejecución, normas de aplicación, condiciones previas que han de cumplirse antes de su realización, tolerancias admisibles, condiciones de terminación, conservación y mantenimiento, control de ejecución, ensayos y pruebas, garantías de calidad, criterios de aceptación y rechazo, criterios de medición y valoración de unidades, etc.
- Se precisarán las medidas para asegurar la compatibilidad entre los diferentes productos, elementos y sistemas constructivos.
- Será importante que el producto esté etiquetado con el sello de calidad, certificado, una homologación, etc.

 **Recuerde**

Existe también el concepto de No Calidad, es decir, sin calidad; y a pesar de lo que se pueda pensar, la no calidad alcanza unos costes superiores a los de la calidad.

Durante la ejecución de fábrica de ladrillo, se realizarán controles:

- Comprobar trabajos de replanteo general.
- Verificar tareas de ejecución de la fábrica.
- Comprobación final de los trabajos (verticalidad, horizontalidad de las hiladas, correctos enjarjes, ausencia de rebabas).

Pero **antes de la ejecución** de la fábrica comprobaremos los materiales:

- Ladrillos: deben estar sanos, identificados con la muestra; deben estar exentos de eflorescencias, manchas, fisuras, grietas, quemaduras y caliches.
- Mortero: verificar su resistencia y características.

Los **ensayos** más comunes exigibles son:

- Ladrillos:

  - Densidad aparente.
  - Succión.
  - Masa.
  - Resistencia a la compresión.
  - Eflorescencias.

- Morteros:

  - Resistencia a la compresión.
  - Densidad aparente del mortero fresco.

■ Dosificación cemento/arena.

■ Consistencia.

■ Tiempo de utilización del mortero fresco.

 Importante

La comprobación de los materiales más habitual se realiza sobre los ladrillos y los morteros.

4. Plan de seguridad

El Plan de seguridad de una obra viene definido en el Real Decreto 1627/1997, de 24 de octubre, por el que se establecen disposiciones mínimas de seguridad y de salud en las obras de construcción, y en función de esta normativa, debemos considerar:

a. En aplicación del Estudio de seguridad y salud o, en su caso, del estudio básico, cada contratista elaborará un plan de seguridad y salud en el trabajo (art. 7 del R. D. 1627/1997) en el que se analicen, estudien, desarrollen y complementen las previsiones contenidas en el estudio o estudio básico, en función de su propio sistema de ejecución de la obra. En dicho plan se incluirán, en su caso, las propuestas de medidas alternativas de prevención que el contratista proponga con la correspondiente justificación técnica, que no podrán implicar disminución de los niveles de protección previstos en el estudio o estudio básico.

b. El Plan de seguridad y salud deberá ser aprobado, antes del inicio de la obra, por el coordinador en materia de seguridad y de salud durante la ejecución de la obra. En el caso de obras de las Administraciones Públicas, el plan, con el correspondiente informe del coordinador en materia de seguridad y de salud durante la ejecución de la obra, se elevará para su aprobación a la Administración Pública que haya adjudicado la obra.

c. En relación con los puestos de trabajo en la obra, el Plan de seguridad y salud en el trabajo a que se refiere este artículo constituye el instrumento básico de ordenación de las actividades de identificación y, en su caso, evaluación de los riesgos y planificación de la actividad preventiva a las que se refiere el Capítulo II del Real Decreto por el que se aprueba el Reglamento de los Servicios de Prevención.

d. El Plan de seguridad y salud podrá ser modificado por el contratista en función del proceso de ejecución de la obra, de la evolución de los trabajos y de las posibles incidencias o modificaciones que puedan surgir a lo largo de la obra. Quienes intervengan en la ejecución de la obra, así como las personas u órganos con responsabilidades en materia de prevención en las empresas intervinientes en la misma y los representantes de los trabajadores, podrán presentar, por escrito y de forma razonada, las sugerencias y alternativas que estimen oportunas. A tal efecto, el plan de seguridad y salud estará en la obra a disposición permanente de los mismos.

e. Así mismo, el Plan de seguridad y salud estará en la obra a disposición permanente de la dirección facultativa.

 Nota

Cuando no sea necesaria la designación de coordinador, las funciones que se le atribuyen en los párrafos anteriores serán asumidas por la dirección facultativa.

4.1. Organización

El plan de seguridad de la obra debe recoger la organización de la obra en todas sus fases y, en consecuencia, de los trabajos de albañilería que nos ocupan.

Se deben recoger todos los aspectos que definan la organización de la obra, como:

1. **Accesos y vías de circulación:** se debe definir en la memoria del plan y en los planos los diferentes accesos y vías de circulación, tanto de personal como de vehículos, para minimizar los riesgos derivados de la circulación del personal, de la maquinaria, de los materiales o equipos.

2. **Superficie de actuación:** cercaremos la zona de actuación de la obra. Si se trata de una obra de planta nueva se delimitará todo el perímetro y si se trata de una rehabilitación donde parte del edificio sigue funcionando, se deberán delimitar las zonas de paso y las zonas donde se esté trabajando.

3. **Ubicación de las construcciones auxiliares:** las construcciones auxiliares se colocarán en lugares donde no perjudiquen la circulación en la obra y fuera del alcance, a ser posible, del radio de acción de las grúas.

4. **Emplazamiento y montaje de equipos, maquinaria y otros:** se reservarán zonas de acopio de materiales estratégicamente localizadas y debidamente señalizadas y protegidas, y se programará la obra de forma que en la misma existan los menos acopios posibles, repartiéndose directamente a cada tajo en el momento en que sean suministrados. Igualmente, la maquinaria permanecerá en la obra el menor tiempo posible para evitar dificultades de circulación en la obra.

 Nota

Estas edificaciones consistirán en comedor, aseos y vestuarios.

4.2. Formación

La formación e información de los trabajadores en los riesgos laborales y en los métodos de trabajo seguro a utilizar son fundamentales para el éxito de la prevención de los riesgos laborales y realizar la obra sin accidentes.

El Contratista adjudicatario está legalmente obligado a formar en el método de trabajo seguro a todo el personal a su cargo, de tal forma que todos los trabajadores tendrán conocimiento de los riesgos propios de su actividad laboral, de las conductas a observar en determinadas maniobras, del uso correcto de las protecciones colectivas y de los equipos de protección individual necesarios para su protección. El pliego de condiciones técnicas y particulares da las pautas y criterios de formación para que el Contratista adjudicatario lo desarrolle en su plan de seguridad y salud.

Como reglas generales, hay que recordar que:

- El empresario deberá nombrar un **Vigilante de Seguridad o Salud en el Trabajo** cuando en la obra se ocupen cinco o más trabajadores (o lo que se recoja en el Convenio Colectivo). Será persona idónea para ello cualquier trabajador que acredite haber seguido con aprovechamiento algún curso sobre la materia, y, en su defecto, el trabajador más preparado en estas cuestiones.
- **Comité de Seguridad.** Se formará cuando en la empresa se ocupen cincuenta o más trabajadores.

 Importante

Cuando en la obra haya cinco o más trabajadores, el empresario debe nombrar un Vigilante de Seguridad. Si hay 50 o más trabajadores, se formará un Comité de Seguridad.

Además, conviene tener presente que el trabajador tendrá **derecho** a:

- Tener la adecuada formación e información de los riesgos a los cuales está sometido, al igual que las medidas de protección y prevención aplicables a estos riesgos.
- Recibir formación necesaria y adecuada a su puesto de trabajo, tanto inicial como periódica.
- Ser consultado y participar en materias de prevención de riesgos laborales en aquellos términos que afecten a su seguridad y salud. Este derecho normalmente se suele delegar en el representante de los trabajadores que será el encargado de ser consultado y participar en estas actuaciones preventivas.
- Poseer una protección eficaz en materia de seguridad y salud en el trabajo.
- Efectuar propuestas de mejora al empresario por medio de los órganos de representación o directamente dirigidos a la mejora de los niveles de protección.
- Interrumpir la actividad productiva y abandonar el puesto de trabajo cuando ello sea necesario para eliminar un riesgo inminente para la integridad de la vida o salud.
- Disponer, en los casos que sea necesario, de protección colectiva o individual adecuada a las tareas y riesgos a los que se esté expuesto.
- Vigilancia periódica de su estado de salud.

4.3. Señalización

El objeto de la señalización es una técnica preventiva que juega con los estímulos que condicionan la actuación del individuo que los recibe frente a ciertas circunstancias para evitar o aminorar el peligro en determinadas circunstancias.

 **Nota**

La señalización nunca elimina el riesgo.
La señalización no exime de colocar las medidas correctoras pertinentes.
Se debe poseer la debida formación para interpretar el contenido de las señales.

La obra debe poseer la suficiente señalización para aminorar en lo posible el peligro. Las señales pueden ser de diferentes tipos:

- Prohibición: prohíben el comportamiento.

  - Forma y colores. Forma redonda con los bordes rojos, el fondo blanco y una banda lateral en rojo además de un pictograma negro.

- Obligación: obligan a un comportamiento determinado.

  - Forma redonda, con coloración azul y pictograma en blanco.

- Advertencia: advierten del peligro.

  - Forma triangular con fondo amarillo y pictograma negro.

- Salvamento: advierten de las zonas de evacuación o emplazamiento de salvamento.

  - Forma rectangular o cuadrada y pictograma blanco con fondo verde.

EN ESTA OBRA ES OBLIGATORIO SEGUIR TODAS LAS NORMAS DE PREVENCIÓN DE RIESGOS LABORALES

LEY PRL 31/95

NO SE PERMITE EL PASO A ESTA OBRA SIN IR ACOMPAÑADO DE PERSONA AUTORIZADA.

■ De equipos de lucha contra incendios.

▪ Forma rectangular o cuadrada con pictograma blanco sobre fondo rojo.

Dirección que debe seguirse
(señal indicativa adicional a las anteriores)

Aplicación práctica

Indique el significado de las siguientes señales de obra.

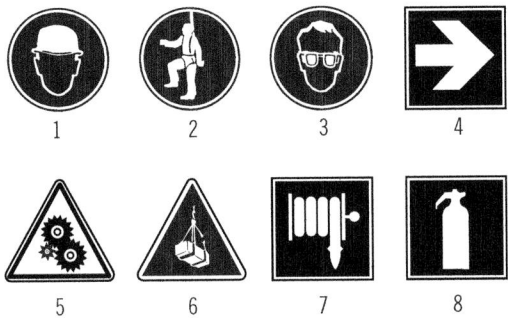

SOLUCIÓN

1. Obligación de usar el casco.
2. Obligación de usar el arnés.
3. Obligación de usar las gafas antiproyecciones.
4. Informa que la dirección a seguir es hacia la izquierda.
5. Peligro, maquinaria en funcionamiento.
6. Peligro, Carga suspendida.
7. Ubicación de la manguera para incendios.
8. Ubicación del Extintor.

4.4. Ubicación de medios, equipos e instalaciones de obra

En el plan de seguridad se debe recoger un análisis de la obra donde se recoja la ubicación de los medios, equipos e instalaciones de obra. Este estudio previo facilita la organización de la obra y evitará problemas de circulación.

Las instalaciones provisionales de obra para uso de los trabajadores consistirán, como hemos visto antes, en aseos, comedor y vestuarios. Deberán ser ubicados en zonas en las que no exista peligro de caída de materiales.

Las instalaciones provisionales para los trabajadores se ubicarán en el interior de módulos metálicos prefabricados, comercializados en chapa emparedada con aislante térmico y acústico. En edificios en rehabilitación es posible colocar estas instalaciones en partes del edificio que no se van a rehabilitar.

Ejemplo de plano de organización general de obra

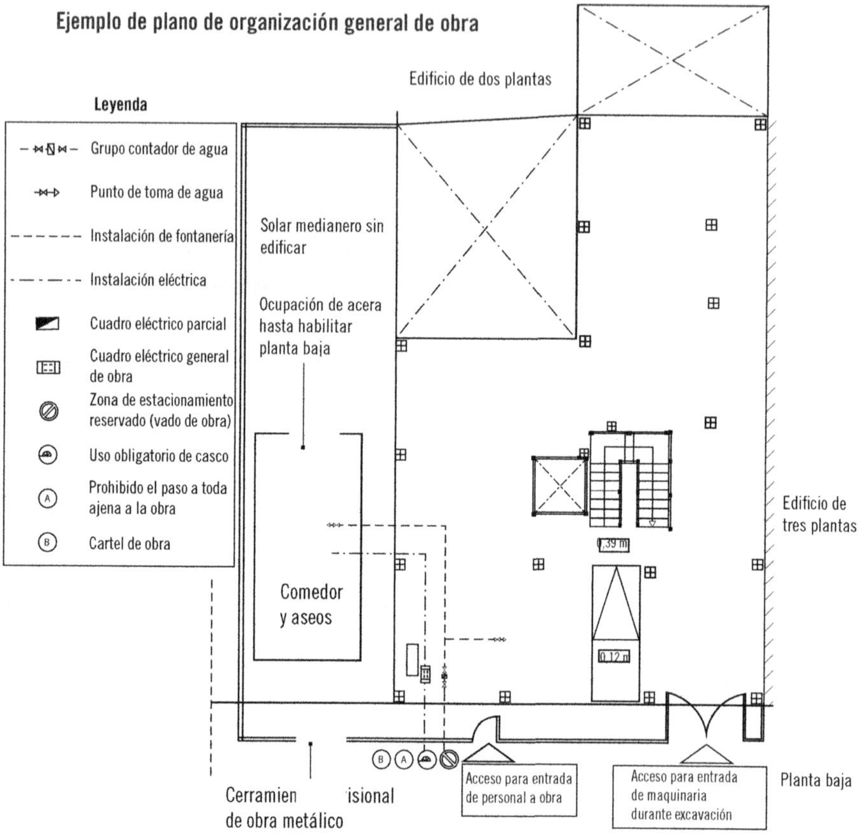

Edificio de dos plantas

Leyenda

⊢⋈⋈⊣	Grupo contador de agua
⊢⋈⊳	Punto de toma de agua
– – – –	Instalación de fontanería
·–·–·–	Instalación eléctrica
◼	Cuadro eléctrico parcial
▦	Cuadro eléctrico general de obra
⊘	Zona de estacionamiento reservado (vado de obra)
⊕	Uso obligatorio de casco
Ⓐ	Prohibido el paso a toda ajena a la obra
Ⓑ	Cartel de obra

Solar medianero sin edificar

Ocupación de acera hasta habilitar planta baja

Comedor y aseos

Edificio de tres plantas

Planta baja

Cerramien   isional de obra metálico

Acceso para entrada de personal a obra

Acceso para entrada de maquinaria durante excavación

Aplicación práctica

Dibuje un esquema en planta de la ubicación de los acopios, maquinaria, señalización, vallado, medios de protección colectiva, etc.

Continúa en página siguiente >>

<< Viene de página anterior

SOLUCIÓN

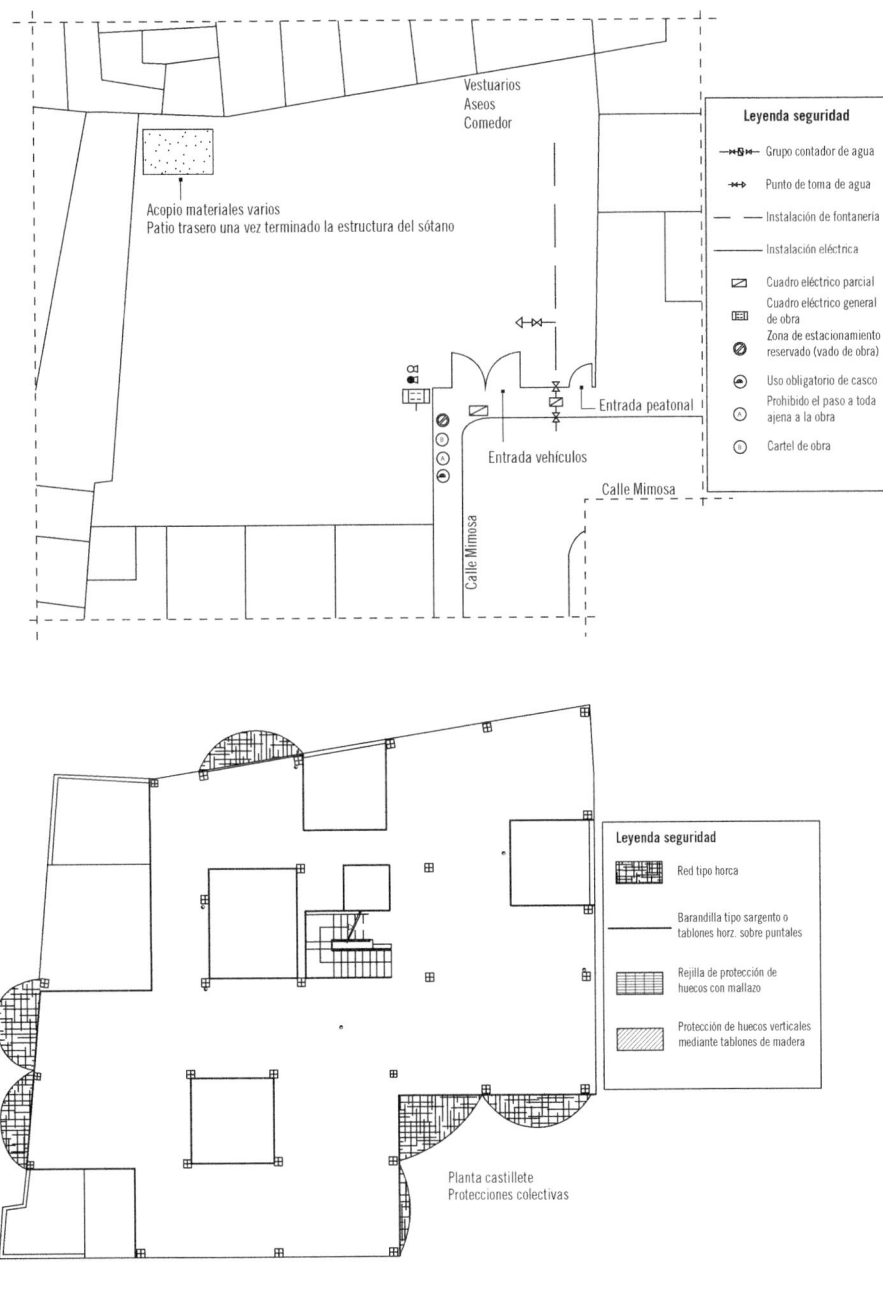

5. Ordenación del tajo

A las diferentes unidades de obra a realizar dentro de una obra general se les denomina tajos de obra. Es fundamental que todos los tajos se realicen de manera ordenada y sin interferencias entre ellos. Para ello, las personas encargadas de la planificación y coordinación deben prever todos los inconvenientes que puedan surgir antes de empezar cualquier tajo, y así poder llevar un ritmo de obra que evite numerosos problemas de tiempo y sobre todo económicos.

 Importante

Es fundamental que todos los tajos se realicen de manera ordenada y sin interferencias entre ellos.

5.1. Producción

Las premisas básicas a considerar en este apartado de la producción de obras de albañilería son las siguientes:

a. Adaptar, establecer o modificar, según la magnitud de la obra, la producción de las distintas unidades de obra (tabiques, muros, medianeras, etc.), adecuando el ritmo de los trabajos y el acopio de materiales a la marcha general de la obra:

- Los equipos necesarios se deben dimensionar correctamente para conseguir el rendimiento esperado.
- La planificación a corto plazo debe contemplar los parámetros específicos de cada trabajo, los equipos, cuadrillas y los medios auxiliares precisos, optimizar la utilización de los recursos y minimizar los tiempos muertos de espera.

■ Cuando hay alteraciones en la marcha de los trabajos se buscan alternativas razonables y/o intercambios de recursos.

■ Se debe evitar la falta de suministros y el control de los acopios.

b. Distribuir diariamente las cargas de trabajo a los albañiles, documentándoles sobre el trabajo que hay que realizar e instruyéndoles sobre los riesgos inherentes a él y su prevención:

■ Los equipos se deben distribuir adecuadamente en los tajos, supervisándose la disposición y funcionamiento de los talleres de obra previstos y de los acopios necesarios.

■ Se incrementa o disminuye los equipos en función de las necesidades de producción especificadas en la planificación de los trabajos.

■ Se comunica "in situ", clara y concisamente, las órdenes de trabajo, especificando el método propuesto, los procedimientos adecuados y las características cualitativas y cuantitativas de la producción.

c. Controlar y comunicar diariamente la producción alcanzada por los equipos, resumiendo los partes de trabajo, contrastándolos con los rendimientos esperados, e informando al responsable del seguimiento de la planificación de obra:

■ Las desviaciones en la ejecución se deben comunicar oportunamente al responsable del seguimiento de la planificación, indicando las posibles causas y proponiendo alternativas razonables para subsanarlas.

■ Se deben proponer, en su caso, sistemas de ejecución alternativos para optimizar recursos y mejorar la producción, indicándose los procedimientos que hay que emplear, los medios necesarios y un primer análisis de costos.

5.2. Seguridad

En el plan de seguridad, se debe hacer un estudio del orden de ejecución de la obra entera y de las unidades de obra (tajos) en particular, para que esta ordenación de tajos previa incida positivamente en la seguridad de la obra.

Aunque, como está claro, esta ordenación no es fija y puede ir variando durante la obra según los diferentes factores que intervienen en la misma (materiales, operarios, equipos o medios auxiliares).

Se deben extraer del plan de seguridad de obra los riesgos previstos inherentes al trabajo específico que hay que realizar, completándolos, en su caso, y comunicándolos oportunamente a los operarios.

5.3. Mantenimiento de equipos

La labor del departamento de mantenimiento está relacionada muy estrechamente con la prevención de accidentes y lesiones en el trabajador, ya que tiene la responsabilidad de mantener en buenas condiciones la maquinaria y herramientas, equipo de trabajo, lo cual permite un mejor desenvolvimiento y seguridad, evitando en parte riesgos en las tareas a realizar.

Objetivos del mantenimiento:

- Evitar detenciones inútiles o paro de máquinas.
- Evitar accidentes.
- Evitar incidentes y aumentar la seguridad para las personas.
- Conservar los bienes productivos en condiciones seguras y preestablecidas de operación.
- Amortizar el costo de mantenimiento con la correspondiente mayor duración de los equipos.
- Alcanzar o prolongar la vida útil de los bienes.

La principal función de una gestión adecuada del mantenimiento consiste en rebajar el coste de los equipos hasta el nivel óptimo de rentabilidad para la empresa.

El mantenimiento de equipos, infraestructuras, herramientas, maquinaria, etc., representa una inversión que a medio y largo plazo acarreará ganancias para el empresario, a quien esta inversión se le revertirá en mejoras en su producción.

 **Nota**

También representa un ahorro tener trabajadores sanos e índices de accidentalidad bajos.

El mantenimiento representa un arma importante en seguridad laboral, ya que un gran porcentaje de accidentes son causados por desperfectos en los equipos que pueden ser prevenidos. También el mantener las áreas y ambientes de trabajo con adecuado orden, limpieza, iluminación, etc., es parte del mantenimiento preventivo de los sitios de trabajo.

El mantenimiento no solo debe ser realizado por el departamento encargado de esto. El trabajador debe estar concienciado y mantener en buenas condiciones los equipos, herramientas, maquinarias…, esto permitirá mayor responsabilidad del trabajador y prevención de accidentes.

6. Distribución de trabajadores, materiales y equipos en el tajo

La distribución de trabajadores, materiales y equipos de obra en el tajo será tarea del jefe de obra o del encargado de obra.

En este punto, habría que destacar que, en numerosas obras, la aparición de subcontratas condiciona la distribución de trabajadores, materiales y equipos en la obra.

 Definición

Subcontratas
Son las empresas u operarios autónomos que realizan unidades concretas de la edificación, aportando unas veces sólo mano de obra, y otras manos de obra y materiales, pero nunca medios auxiliares generales (grúas, elementos de seguridad, etc.).

Por tanto, en la distribución de trabajadores hay que coordinar los trabajos con los encargados de las subcontratas.

Se debe facilitar, con la suficiente antelación, los medios necesarios, andamios, materiales, etc., a las subcontratas.

 Consejo

Hay que organizar los medios de elevación y el suministro de materiales para los distintos tajos de obra de tal modo que no se produzcan conflictos entre las distintas subcontratas.

En ciertas fases de obra, se puede estar ejecutando una parte de estructura y otra de albañilería por distintas subcontratas, por lo que pueden aparecer conflictos entre ambas subcontratas para el uso de los medios de elevación. El encargado de la obra será el que tenga que intervenir para solucionar el posible problema.

Se debe organizar los tajos por grupos jerarquizados, asignando responsabilidades de modo que cada cual se haga cargo de la propia y de la correspondiente a las categorías inferiores y procurando que cada grupo esté dirigido por una sola persona.

Es importante conocer al personal desde el punto de vista profesional y humano, para asignarle tareas adecuadas a sus características.

Se debe asignar a cada tajo el número exacto de trabajadores, el exceso o el defecto en el número de estos provocará que los resultados sean deficientes.

 Aplicación práctica

Se pretende realizar el cerramiento de una vivienda con citara de ladrillo perforado en un plazo aproximado de 8 días. Se consulta la medición y tenemos 225,00 m² de cerramientos de citara, ¿cuántos operarios deberemos emplear, teniendo en cuenta los siguientes rendimientos de trabajo?

▪ **Oficial 1ª de albañilería: 1,125 horas por m²**
▪ **Peón de albañilería: 0,625 horas por m²**

SOLUCIÓN

Si pasamos estos rendimientos de 1 m² de citara a un día de trabajo se necesita:

▪ Oficial 1.ª: 8 horas de trabajo / 1,125 horas = 7,11 m² al día
▪ Oficial 1.ª: 8 horas de trabajo / 1,125 horas = 7,11 m² al día
▪ 1 Peón haría el trabajo complementario de 2 oficiales.
▪ 2 Oficiales y 1 Peón harían 14,22 m² por día. Este sería el trabajo realizado por una cuadrilla en un día.

225,00/14,22 = 15,82 días de una cuadrilla

Si tenemos 8 días para realizar el trabajo, deberíamos contratar y distribuir por tajos 2 cuadrillas de albañilería formadas por 2 oficiales y 1 peón cada una de ellas.

7. Planificación a corto plazo del tajo y seguimiento del plan de obra

El encargado de obra debe distribuir diariamente las cargas de trabajo a la cuadrilla para cumplir los objetivos fijados en el plan de obra, precisando la planificación a corto plazo de los recursos requeridos en el tajo.

 Consejo

No es conveniente asignar varios tajos a una misma cuadrilla.

Para ello, se deben tener en cuenta varios aspectos:

- Los procedimientos técnicos, rendimientos y objetivos de producción se identifican en los documentos de proyecto y plan de obra.
- Los operarios, equipos y acopios deben estar correctamente ubicados en el tajo y ser los adecuados y suficientes para la producción que se pretende alcanzar.
- Los tiempos muertos se deben evitar, anticipando en la planificación a corto plazo los momentos en que puedan producirse como consecuencia de puntos de parada e inspección obligatoria, tiempos de espera por fraguado, elaboración de juntas, agotamiento de acopios, faltas de suministro, etc.
- Las órdenes de trabajo se deben comunicar a la cuadrilla de forma clara y concisa, a pie de tajo y al comienzo de la jornada, describiendo métodos, procedimientos, ritmos y objetivos de producción e instruyendo sobre los riesgos inherentes al trabajo y su prevención.
- Los rendimientos alcanzados se deben controlar con la periodicidad necesaria y quedar reflejados en los partes de trabajo, identificando medios empleados, unidades de obra acometidas, partes ejecutadas y contrastes con la producción prevista.

- Las causas de desviaciones en el rendimiento de los trabajos se deben identificar y comunicar correctamente al responsable del seguimiento de la planificación.
- Las alternativas propuestas para subsanar las desviaciones deben ser razonables y se comunican correctamente al responsable del seguimiento de la planificación.

8. Cumplimentación de partes de producción, incidencia, suministro, entrega, etc.

Es fundamental, en cualquier tipo de obra, llevar un control de todo lo que entra y sale de ella. Para esta labor utilizaremos ciertos instrumentos como son los partes de obra, controlar los albaranes de materiales y guardarlos en un lugar destinado para ello, realizar anotaciones en los libros de órdenes, etc. De esta manera, todo estará más controlado y ordenado, evitando así numerosos problemas en la finalización de la obra.

8.1. Previsión y coordinación

En todas las obras el jefe de obra debe comenzar elaborando una lista en la que figuren todas las necesidades y recursos para la obra: materiales, mano de obra para los diversos trabajos y oficios que tengan que intervenir en cualquier tajo... Para ello, se ayuda del estudio del proyecto y del planning confeccionado, del que se obtendrán las previsiones necesarias.

Es necesario definir las características, las condiciones de los materiales y de los tajos que deben ser contratados.

 **Nota**

Esas características técnicas pueden venir reflejadas en el proyecto o en los pliegos de condiciones y demás normativa vigente.

Hay que especificar los criterios de medición de las partidas y trabajos que se ejecuten, y se deben exigir garantías a los fabricantes de productos, a empresas subcontratistas y a oficios en general.

El precio de material, del trabajo, de la partida o del oficio, debe quedar perfectamente definido. La forma de pago debe plasmarse de una manera clara y concreta.

Se deben evitar los problemas que acarrean los productos y trabajos defectuosos tanto por los retrasos que puedan ocasionar como por el incremento de coste que pueda suponer, aclarando siempre las responsabilidades.

8.2. Pedidos de materiales

Los pedidos que precisa la obra se deben hacer con antelación suficiente para que no falte material, que como consecuencia podría ocasionar interrupciones en los tajos y descoordinación de las sucesiones de trabajos.

Los jefes de obra, para hacer este tipo de pedidos con la suficiente antelación, realizarán un listado de todas las necesidades y materiales de la obra, atendiendo a una buena previsión. Además se deberá procurar que los materiales vayan directamente del camión a los tajos y así evitar mayores costes.

El encargado de obra deberá:

- Informar sobre la falta de material.
- Comprar pequeño material necesario.

- Recibir el material y controlar la cantidad y la calidad del material recibido.
- Comprobar la exactitud de los albaranes y firmarlos.
- Acopiar el material en zonas destinadas a ello.

Los materiales habituales en las obras son:

- Áridos (arenas y gravas).
- Cementos y pegamento.
- Yesos y escayolas.
- Materiales cerámicos: ladrillos hueco doble, perforado, tabiques.
- Revestimientos cerámicos: azulejos y pavimentos.
- Pavimentos de terrazo, mármol, granito.
- Aplacado mármol, granitos, piedra artificial.
- Material para instalaciones.
- Otros.

Es fundamental exigir a los proveedores las calidades de los materiales con los certificados de calidad de cada material, así como los plazos de suministro. Estos certificados deberán ser entregados a la dirección facultativa con posterioridad. También debemos notificar con antelación todos los cambios que surjan en la obra, de cantidades y calidades.

8.3. Libro de órdenes y partes diarios

Las órdenes deben darse por escrito para que quede constancia en el libro de órdenes. El jefe de obra es el responsable de la gestión y ejecución de la obra y, si recibe alguna orden que condicione su gestión, es conveniente y recomendable anotarlo en el libro de órdenes, para evitar problemas al finalizar la obra.

La elaboración de informes tiene como objetivo informar a mandos superiores de la empresa el estado de la obra, así como la gestión del control del personal, la producción de los tajos, gastos, etc. Los informes de la obra son realizados por el jefe de obra, quien los entrega personalmente a la persona encargada de recopilar dichos informes.

Los partes de trabajo son un reflejo de todo lo que se ha hecho en la obra hasta el momento, por lo que son documentos de los que se puede extraer una gran cantidad de información y que además nos servirán en un futuro para similares situaciones.

Con los partes de trabajo se controla el rendimiento real de los equipos en la obra y los operarios, con el fin de comprobar su rendimiento y las expectativas de producción que se establecieron en un principio.

Los partes de trabajo deben contener toda la información necesaria para identificar la unidad de obra acometida, los equipos empleados, la mano de obra, la parte ejecutada y las observaciones que se hayan considerado.

Se debe controlar todos los tajos durante toda la jornada, recopilando, para su tramitación, los partes de incidencias, de petición de materiales y equipos.

 Consejo

Es recomendable proponer sistemas de ejecución alternativos para optimizar recursos y mejorar la ejecución de tajos, indicando los nuevos procedimientos y los medios necesarios.

A continuación se detalla una lista de los informes que podrían elaborarse en la ejecución de una obra:

- **Parte diario de obra:** se indica el número de operarios, la categoría profesional y las horas empleadas, descripción de los trabajos y medios auxiliares empleados. Además se aprovecharán para confeccionar las nóminas.
- **Parte de pedidos:** se elabora para que el jefe de obra tenga una lista de los pedidos que tiene que hacer de materiales que sean necesarios para la correcta ejecución de los tajos.

- **Parte de entrada de material diario:** este informe, junto con el albarán, se utilizará para saber en todo momento lo que se ha servido, los pagos pendientes y los futuros pedidos. Se señalará todo lo que entra o sale de la obra indicando el número de albarán, tipo de material, cantidad, calidad y proveedor.
- **Informe de destajos diario:** sirve para controlar a las subcontratas que intervienen en la obra.

Obra: _____

Parte nº: _____

Nombre	Cat.	Horas	Observaciones

Descripción del trabajo realizado

Proveedor	Nº de albarán	Material

Maquinaria	Propia	Alquilada	Horas:

En _____, a _____ de _____ del _____

El cliente	El encargado

Ejemplo de parte de trabajo de empresa constructora

Aplicación práctica

Rellene correctamente el siguiente parte de obra según el siguiente caso: se ha ejecutado todo el cerramiento de un lateral de la vivienda, incluida la formación de huecos de ventana y el embarrado interior.

SOLUCIÓN

Obra: _Vivienda Unifamiliar en Calle Udalganea, nº 11, Chiclana, Cádiz_

Parte nº: _56_

Nombre	Cat.	Horas	Observaciones
José Pérez	Of. 1	8	
Antonio Marín	Of. 2	8	
Pedro García	Peón	9	+1 h en preparación del tajo
	Total	25	

Descripción del trabajo realizado

Levantamiento de la citara con ladrillo perforado y mortero de cemento hecho en obra correspondiente a la fachada izquierda de la vivienda, además de la formación de mochetas y colocación del dintel en el hueco previsto para la ventana. Una vez terminada la citara, se embarró interiormente la citara y posteriormente se limpió toda la zona de escombros, dejándola preparada para colocar el aislamiento térmico.

Proveedor	Nº de albarán	Material
Mat. Vipren	2564	4 palés de ladrillo perf. 24 x 12 x 10 1200 uds. 10 sacos de cemento gris de 35 kg 5 l de aditivo para mortero 2 uds. dintel de hormigón armado de 1,60 m
Mat. Millán	3569	3 m³ de arena lavada
Repsol	124	5 l de gasolina para generador

Maquinaria	Propia	Alquilada	Horas:
Hormigonera eléctrica	Sí		
Borriquetas y plataformas	Sí		
Reglas y cordel	Sí		
Generador gasolina		Sí	8 horas

En _Chiclana de la Frontera_ , a __29__ de _Noviembre_ del _2025_

El cliente	El encargado

8.4. Control y mantenimiento de medios auxiliares

El mantenimiento y las revisiones de los equipos pueden evitar accidentes y por esta causa todos los medios auxiliares, maquinaria, etc., deben estar en perfectas condiciones de uso.

Los medios con motores eléctricos y de gasoil deben tener unos informes de control donde figuren las revisiones periódicas y así evitar problemas que interrumpan el correcto discurso de los tajos.

9. Procesos y condiciones de fábricas de albañilería

En este apartado explicaremos los distintos procesos que se llevan a cabo a la hora de ejecutar las fábricas de ladrillo desde que se acopia el material en la obra hasta la colocación del último ladrillo. Además se darán recomendaciones para ejecutar correctamente la fábrica y los medios auxiliares que podemos utilizar para realizar los trabajos de manera más eficaz, así como las medidas de seguridad que se deben adoptar.

9.1. Recepción y acopio de materiales

El acopio de materiales en la obra se realizará de manera ordenada y en sitios preparados para ello, evitando el contacto con sustancias o ambientes que perjudiquen física o químicamente a los materiales.

■ Ladrillos, bloques y mampostería:

   ▪ Los palés de ladrillos, bloques o mampostería se comprobará que vengan en perfecto estado y con roturas mínimas.
   ▪ Se acopiarán en un lugar de acopio de manera que no dificulten el paso ni la interrupción de los tajos, y además deben estar al alcance de las grúas para su transporte en obra.

- Cementos y cales:

  ▪ Durante el transporte y almacenaje se protegerán los aglomerantes frente al agua, la humedad y el aire, y se almacenarán por separado.

- Morteros secos preparados y hormigones preparados:

  ▪ En la recepción de los morteros de planta se comprobará la dosificación y resistencia con la cual se ha pedido.
  ▪ Los morteros preparados y los secos se emplearán siguiendo las instrucciones del fabricante, que incluirán el tipo de amasadora, el tiempo de amasado y la cantidad de agua.
  ▪ El mortero preparado se empleará antes de que transcurra el plazo de uso definido por el fabricante.

- Arenas y gravas:

  ▪ Se descargará en una zona de suelo seco, convenientemente preparada para este fin, en la que pueda conservarse limpia.
  ▪ Las arenas o gravas de distinto tipo se almacenarán por separado.

9.2. Medidas de seguridad y ordenación del trabajo

En cualquier obra de edificación, antes de empezar los trabajos encargados, hay que tomar una serie de medidas de seguridad para proteger al trabajador que se encuentre ejecutando las tareas impuestas a su puesto de trabajo, y además proteger a su vez a los demás trabajadores que se encuentren simultáneamente realizando otras tareas en las zonas próximas al área de trabajo.

Por ello hay que hacer hincapié en el tema de seguridad y que el trabajador tome conciencia, antes de empezar la jornada laboral, de comprobar las medidas de seguridad adoptadas en su puesto, y en caso de encontrar alguna anomalía, avisar al técnico competente encargado de la seguridad y subsanar dicha anomalía.

Comprobada la seguridad, se organiza la forma en la que se va a trabajar, es decir, estableceremos dónde se van a acopiar los materiales (ladrillos, mortero…) y los medios auxiliares (andamios, borriquetas…) para que el desarrollo del trabajo sea lo más cómodo y seguro para el trabajador. También se limpiará la zona de trabajo de posibles restos de escombros, otros materiales o medios auxiliares que entorpezcan la correcta ejecución de las tareas en la zona de trabajo. Una vez comprobada que la zona de trabajo está limpia y segura se empezará a trabajar.

Importante

No se comenzará a trabajar hasta haber comprobado que la zona de trabajo está limpia y es segura.

9.3. Nivelación del plano de arranque y replanteo

Antes de empezar la ejecución de cualquier muro de fábrica hay que nivelar la zona de trabajo, en caso de que sea necesario, y así poder ejecutarla correctamente. Esto se consigue extendiendo una capa de mortero de regularización de espesor no mayor de 2 cm, dejando el plano de asentamiento del muro bien nivelado.

Una vez limpio y nivelado el plano de arranque, se debe replantear los muros sobre este, trazando para ello sus plantas con el debido cuidado para que sus dimensiones correspondan con las del proyecto.

En el supuesto de varias plantas, el replanteo ha de hacerse en cada una de ellas, cuidando más aún, si cabe, su exactitud para evitar excentricidades no previstas en el proyecto.

 **Consejo**

Hay que tener en cuenta los emparchados de los cantos de forjado y forrado de pilares con rasillas cerámicas, de tal manera que al replantear con los ladrillos en seco, se dispondrán sobresaliendo hacia el exterior aproximadamente 4 cm.

Trazadas estas, el albañil procede al replanteo de la primera hilada de la fábrica, iniciándola por el extremo, colocando los ladrillos sin mortero, en seco, de acuerdo a la ordenación y el aparejo deseado. Los ladrillos de esta hilada se separarán entre sí con un escantillón que simule el espesor de la junta. Si al llegar al extremo contrario, la fábrica no coincide con las dimensiones requeridas, tendríamos que reajustar los espesores de junta hasta conseguir la organización ideal.

Sobre el replanteo en seco de esta primera hilada se resuelven los puntos singulares de la fábrica, tales como enlaces con otros muros, mochetas de huecos, etc., cuyas cotas han debido ser fijadas, en el proyecto, en función de las del ladrillo y de las juntas que vayan a emplearse.

9.4. Humectación de las piezas

Para la correcta ejecución de las fábricas es fundamental que el ladrillo, una vez colocado, no altere la cantidad de agua de amasado, y con ello la consistencia y plasticidad que posee el mortero. Como consecuencia de ello el mortero perderá su resistencia y adherencia.

Por ello, en general, los ladrillos se humedecerán por aspersión, regándolos o por inmersión. La cantidad de agua embebida en la pieza debe ser la necesaria para que al ponerla en contacto con el mortero no haga cambiar la consistencia de este, es decir, para que la pieza ni absorba agua, ni la aporte. En caso de interrupción de los trabajos temporalmente se volverán a humedecer los ladrillos de nuevo antes de comenzar.

9.5. Colocación de reglas

Terminado el replanteo en seco, se procede a asentar la primera hilada con mortero, colocándose las piezas necesarias para las esquinas y puntos singulares, y seguidamente ejecutar dos o tres hiladas.

Llegados a este punto, se disponen reglas rectas, bien aplomadas, en las que se escantillan o marcan los gruesos de las hiladas (ladrillo + tendel), a la par que se nivela, y sobre las que se tienden, bien tensa la cuerda de atirantar o cordel, para asegurar la horizontalidad de las hiladas, la planicidad y verticalidad de los paramentos.

También se marcarán en las miras el enrase que deba tener la fábrica para apoyo de cargaderos, arranques de arcos, antepechos de los huecos, etc. En las mochetas de estos, y en los puntos de enlace con otros muros, se colocarán también reglas para garantizar su correcta ejecución.

9.6. Colocación y puesta en obra de las piezas

Las piezas se colocarán generalmente a restregón sobre una torta de mortero hasta que el mortero rebose por la llaga y el tendel. No se moverá ninguna pieza después de efectuada la operación de restregón. Si fuera necesario corregir la posición de una pieza, se quitará, retirando también el mortero. Las piezas con machihembrado lateral no se colocarán a restregón, sino verticalmente sobre la junta horizontal de mortero, haciendo tope con los machihembrados, dando lugar a fábricas con llagas a hueso. No obstante, la colocación de las piezas dependerá de su tipología, debiendo seguirse en todo momento las recomendaciones del fabricante.

Colocación de ladrillos en hiladas

9.7. Relleno de juntas

El mortero debe llenar las juntas, tendel y llagas totalmente. Si después de restregar el ladrillo no quedara alguna junta totalmente llena, se añadirá el mortero necesario y se apretará con la paleta. Una llaga se considera llena si el mortero maciza el grueso total de la pieza en al menos el 40 % de su tizón; se considera hueca en caso contrario. El espesor de los tendeles y de las llagas de mortero ordinario o ligero no será menor de 8 mm ni mayor de 15 mm, y el de tendeles y llagas de mortero de junta delgada no será menor de 1 mm ni mayor de 3 mm.

Cuando se especifique la utilización de juntas delgadas, las piezas se asentarán cuidadosamente para que las juntas mantengan el espesor establecido de manera uniforme. El llagueado, en su caso, se realizará mientras el mortero esté fresco.

En el caso de que sea necesario el rejuntado, se cepillará el material suelto, y, si es necesario, se humedecerá la fábrica.

 Consejo

Es recomendable que la altura de la fábrica no sea excesiva, para no producir aplastamiento en los tendeles inferiores aun frescos.

9.8. Elevación de muros, trabas y enjarjes

Los muros deben levantarse, siempre que sea posible, por hiladas horizontales en toda la extensión de la obra, a fin de asegurar un asiento uniforme durante el proceso de construcción.

Se recomienda que ningún muro se eleve más de 0,50 m sobre los demás y que no se eleven más de 16 de hiladas por día.

Los plomos y niveles se conservarán mientras se ejecute el muro, de manera que el paramento resulte con las llagas alineadas y los tendeles a nivel.

Cuando dos partes de una fábrica hayan de levantarse en épocas distintas, la que se ejecute primero se dejará escalonada. Si esto no fuera posible, se dejará formando alternativamente entrantes, adarajas, y salientes, endejas.

En las hiladas consecutivas de un muro, las piezas se solaparán para que el muro se comporte como un elemento estructural único. El solape será al menos igual a 0,4 veces el grueso de la pieza y no menor de 40 mm. En las esquinas o encuentros, el solapo de las piezas no será menor que su tizón; en el resto del muro, pueden emplearse piezas cortadas para conseguir el solape preciso.

9.9. Limpieza de la fábrica

Los muros deben mantenerse limpios durante su construcción. Esto es especialmente relevante cuando se trate de paramentos vistos.

Para ello, una vez realizado el rejuntado y/o retundido de llagas y juntas, se debe hacer una limpieza general del paramento para que este presente un aspecto agradable, limpio y ordenado, con sus juntas terminadas, sin rebabas ni imperfecciones y con la debida homogeneidad.

10. Fábricas resistentes, cerramientos, particiones, arcos, dinteles y remates singulares

En este apartado analizaremos la tipología de fábricas de albañilería existentes, que dependerá del uso al que se destinen, ya que podrán ser de tipo resistente o de cerramiento. Además estudiaremos los tipos de particiones más habituales en las obras y los elementos constructivos más característicos como los arcos o la ejecución de remates singulares.

10.1. Fábricas resistentes

Las fábricas resistentes son aquellas realizadas mediante fábricas de ladrillo, bloques de hormigón, bloques de cerámica aligerada y fábricas de piedra, que tienen una función autoportante o de carga. En la coronación del muro se apoyarán las viguetas que conformarán el forjado, y además se ejecutará un zuncho de borde con las armaduras que se especifiquen en el proyecto.

También serán muros resistentes aquellos otros transversales a los de carga, que desempeñen una función de arriostramiento para resistir los esfuerzos horizontales producidos por acciones del viento, sísmicas, empujes, etc., y constituir ambos un conjunto estructural estable.

Tipos de muros:

- De una hoja:

    - **Aparejado.** Es ejecutado y trabado en todo su espesor con una sola clase de ladrillo.
    - **Verdugado.** Es ejecutado y trabado en todo su espesor con dos clases de ladrillo. Las hiladas más resistentes llamadas verdugadas (2 hiladas) se ejecutarán con ladrillos más resistentes y el resto con ladrillos normales llamados témpanos (8 hiladas).
    - **Apilastrado.** Está ejecutado con resaltos de pilastras simultáneamente al muro y trabadas a él.

- De dos hojas:

    - **Doblado.** Está constituido por dos hojas adosadas, es decir, dos fábricas, de la misma o distinta clase de ladrillo, y se ejecutarán simultáneamente, con elementos que las unen (llaves) y las hacen solidarias.
    - **Capuchino.** Es constituido por dos hojas de la misma o distinta clase de ladrillo, con cámara intermedia, con elementos que las unen y hacen solidarias. El ancho de la cámara interior no será mayor de 11 cm, siendo recomendable anchos de 3, 5, 6 y 8 cm.

Recuerde

Los muros pueden ser de una hoja (aparejado, verdugado o apilastrado) o de dos hojas (doblado o capuchino).

Los muros resistentes pueden ser construidos, además de con ladrillos, con bloques cerámicos (termoarcilla) y con bloques de hormigón. Los bloques de termoarcilla están destinados principalmente para la construcción de viviendas, ya que proporcionan las mismas exigencias técnicas de resistencia mecánica, aislamiento acústico y térmico, estanqueidad, etc., que en un cerramiento de fábrica de ladrillos. En cambio, el uso de bloques de hormigón, que posee también buenas características técnicas pero en menor cuantía, está destinado principalmente para cerramientos de naves industriales, vallas de cerramiento exterior, etc., ya que se trata de un material más económico y es ideal para estos casos.

La construcción con fábricas de bloques exige un proyecto bien estudiado que respete la modulación exigida por las piezas que constituyen la fábrica, sin dejar margen a la improvisación, dadas las dimensiones relativamente grandes de estos materiales.

Además el bloque tipo debe estar completado por un amplio conjunto de piezas especiales a fin de resolver satisfactoriamente todas las partes de la obra, tales como piezas de dinteles, jambas, zunchos, enlaces, etc.

Se rellenarán todas las juntas, tendeles y llagas, excepto en bloques cerámicos machihembrados, en los que las llagas carecen de mortero, reemplazado este por el machihembrado de los bloques.

El aparejo utilizado se hará de manera que los bloques de cada hilada se solapen con los de la hilada inferior, no menos de la cuarta parte de su longitud, siendo habitual, en este tipo de cerramientos, el uso del aparejo de sogas con solape de medio bloque.

Ejemplos gráficos de fábricas resistentes:

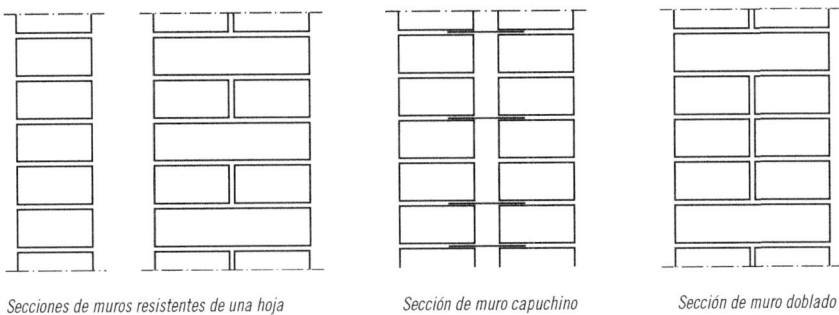

Secciones de muros resistentes de una hoja   *Sección de muro capuchino*   *Sección de muro doblado*

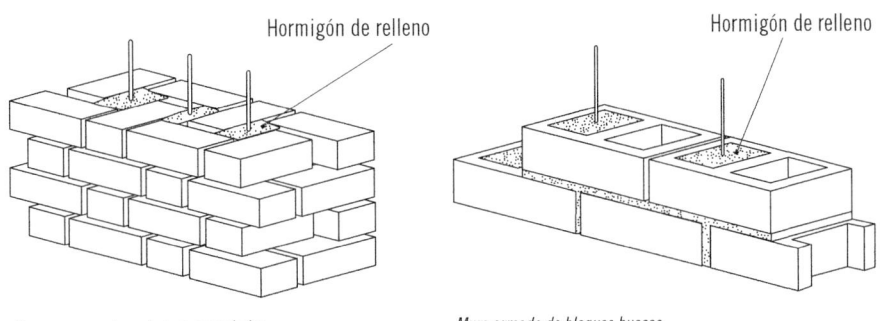

Hormigón de relleno   Hormigón de relleno

Muro con armado en huecos aparejados   *Muro armado de bloques huecos*

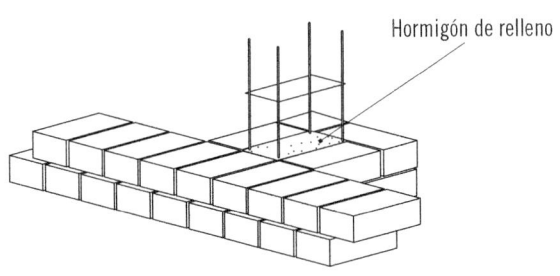

Hormigón de relleno

Muro con pilastras armadas

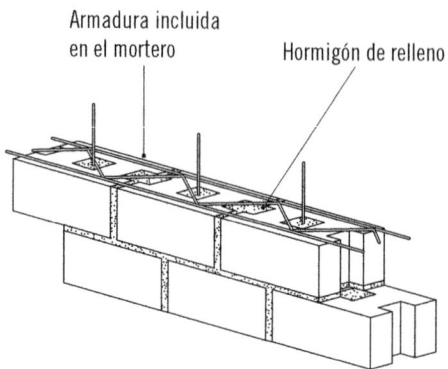

Armadura incluida
en el mortero

Hormigón de relleno

Muro con armadura vertical y armadura tendel

Cuando la estructura entramada actúa como elemento resistente, el muro ya no tiene una función portante, por lo cual solo se le exige funciones de cerramiento, aislamiento y protección. No obstante, se le sigue exigiendo una capacidad autoportante, una resistencia al viento, una dureza, una capacidad de absorber las deformaciones producidas por la estructura. Visto desde esta perspectiva, podríamos decir que los cerramientos requieren cualidades resistentes y aislantes.

La solución más común se plantea mediante el uso de una citara de ladrillo hueco doble o macizo perforado, de medio pie de espesor, una cámara, generalmente con aislante térmico y un tabique interior realizado con ladrillo hueco simple. Todo el conjunto irá apoyado sobre cada forjado.

Estas soluciones u otras diferentes deben analizarse a partir de los materiales que conformen las hojas, ya que en función de estos tendremos procesos de ejecución diferentes (fábricas vistas, fábricas de ladrillos para revestir, bloques de hormigón o cerámicos, etc.). Algunos materiales serán más idóneos que otros para la hoja externa, la cual puede proporcionar mayor impermeabilidad, o estar dotada de una gran inercia térmica, poseer un aislamiento acústico importante, etc., mientras que para la hoja interior se pueden elegir materiales más económicos.

La función básica de una cámara de aire en un cerramiento es la de hacer el papel de barrera de corte al paso de posibles filtraciones del exterior.

 **Nota**

La dimensión mínima de la cámara de aire está entre 3 y 5 cm, y no es beneficioso que sea de grandes dimensiones (> 7 cm), pues obligaría a su ventilación a causa de la convención de aire debido a la diferencia de temperatura que se produce.

Cuando en la cámara se coloca un aislante térmico, es recomendable que esté separado de la hoja exterior para que no pierda su eficacia en el supuesto de filtración de agua por la hoja exterior. El aislamiento será aún más eficaz, si la cámara está ventilada y permite la evacuación del agua infiltrada por la hoja exterior. Si además le aplicamos una capa de mortero (embarrado) a la cara interior de la hoja exterior del cerramiento, aumentaríamos considerablemente la eficacia del aislamiento, incluso a su vez *rigidiza* nuestra fábrica mejorando su comportamiento mecánico. En las zonas de alto grado de humedad relativa también puede verse afectado por humedades de condensación y perder su eficacia, si se coloca por el interior y en contacto con la segunda hoja, por lo que debe usarse una barrera de vapor en la cara interna del aislante térmico.

Pero el mayor inconveniente de los muros de cerramiento de doble hoja son los **puentes térmicos.** Estos suelen encontrarse a su paso por los forjados, en la unión con las puertas y ventanas, en zonas de cubiertas y voladizos, fijaciones y paso de instalaciones.

Para evacuar el agua de infiltración es costumbre realizar una media caña impermeabilizada que drena el agua que ha podido penetrar hacia el paramento exterior por medio de aberturas (llagas en la base sin rejuntar) o mediante la colocación de tubos de plásticos en la base, que además ventilan la cámara preservando el material aislante.

Por último, la hoja interior del cerramiento se realizará con una fábrica cerámica o bien con laminados de yeso.

En la fábrica de cerámica, lo habitual para estos casos es usar un tabique de ladrillos huecos sencillos colocados a panderete; sin embargo, para grandes alturas o cuando vayan a alojarse instalaciones, se recomienda usar tabiques huecos dobles.

Aunque actualmente se usan ladrillos cerámicos de gran formato que son más resistentes y favorecen la apertura de rozas para el paso de instalaciones sin que se debiliten, su colocación es más rápida pero tiene el inconveniente de que son elementos pesados.

 Consejo

En todos ellos es recomendable trabarlos con la hoja exterior pero procurando evitar los puentes térmicos.

Los laminados de yeso o tabique seco pueden realizarse directamente con un trasdosado o bien con un tabique entramado. Este tipo de tabiques tiene la ventaja de la rapidez de ejecución y además aporta mejores cualidades acústico-térmicas.

Los puntos singulares, tales como puertas y ventanas, se harán con un dintel, el cual puede ejecutarse de distintos modos: con dinteles prefabricados de hormigón armado, con plancha metálica (redondos soldados para arriostrar), de piedra artificial, o colocando ladrillos a sardinel o a rosca, pasando redondos por las perforaciones o ejecutando un cargadero de hormigón armado aplacándolo luego con cara vista.

10.2. Particiones

Las particiones son sistemas constructivos que se emplean para realizar divisiones interiores. Son, por lo general, elementos superficiales planos y verticales, sin función estructural, por lo que deben ser ligeros pero también estables. Las funciones básicas de las particiones son las de distribución, seguridad, confort y servicio.

Podemos clasificar las particiones según el sistema de ejecución:

- Sistemas de albañilería:

    - Por elementos

        - De ladrillo (tabiques, tabicones)
        - Con bloques

    - Por placas

        - De escayola
        - Cerámicas

- Sistemas de carpintero:

    - Fijos

        - Entramados (cartón yeso, aglomerados)
        - Paneles autoportantes

    - Desmontables

        - Mamparas

Las **particiones de ladrillo** son aquellas que se construyen a base de ladrillos cerámicos, tomados con mortero de cemento o con yeso. Es un sistema tradicional que en la actualidad sigue siendo el más utilizado en nuestro país.

Según el espesor podemos diferenciar entre:

- **Tabique.** Se obtiene utilizando ladrillos huecos sencillos de 4 cm de espesor y una vez revestido se consigue un grosor de 7 cm. Es conveniente arriostrarlo cada 3 o 4 metros y no se puede utilizar para alojar conducciones en su interior, ya que la apertura de regolas destruye el tabique.
- **Tabicón.** Se obtiene al emplear ladrillos de huecos dobles de 9 cm de espesor, con lo que su grosor alcanza los 12 cm, al revestirlo por las dos caras. Puede construirse sin arriostramiento hasta 5 metros en todas las direcciones. Es la partición adecuada para alojar instalaciones y se emplea en los locales húmedos.
- **Citara.** Se consigue con hiladas a soga de ladrillos (huecos dobles o perforados) de 11,5 cm de espesor, pudiendo obtener particiones de 14,5 cm, si se reviste por ambas caras. Se utiliza fundamentalmente como partición para separación entre espacios de distintos usuarios o zonas comunes.
- **Tabique "conejero".** Es un tipo de tabique que se aligera colocando los ladrillos de doble hueco a 1/3 de la soga y que permite el paso del aire entre los espacios que divide. Se emplea básicamente en las cubiertas inclinadas para la formación pendiente.

Recuerde

Según su espesor, podemos diferenciar cuatro tipos de particiones de ladrillo:

1. Tabique.
2. Tabicón.
3. Citara.
4. Tabique "conejero".

En cuanto a la ejecución de las particiones, el proceso es similar al de los muros y las fachadas. Sin embargo, habrá que tener en cuenta una serie de puntos en cuanto a las uniones con otros elementos y que a continuación se describen:

- En las uniones con los techos, conviene dejar 2 cm sin rellenar, para esperar a que el forjado tome su "flecha" y retacar la junta de unión con pasta de yeso.
- Con los elementos estructurales se debe dejar una holgura entre ambos; por ejemplo puede intercalarse una plancha de material elástico o una malla entre los distintos materiales, para evitar fisuras. La solución clásica de unión de tabique y pilar es emparchar el pilar con rasillas y trabar estos ladrillos de emparchado con los del tabique.
- En las uniones con los cercos de carpintería es conveniente reforzar el dintel con un cargadero con apoyos de 10 cm mínimo. Si utilizamos premarco, ninguno de sus largueros debe sobresalir del hueco, introduciéndose en el paño de ladrillo para que no aparezcan fisuras. El cerco debe recibirse con pasta en el muro, utilizando patillas, clavos en forma de X, etc.

Las *rozas* son canales que se realizan en las particiones para alojar las instalaciones, su profundidad no debe ser mayor de 4 cm y su anchura inferior a 8 cm; y deben realizarse únicamente en tabicones y citaras. Si fuese necesario realizar dos rozas en un mismo tabique, deben separarse al menos 50 cm.

Las **particiones realizadas con yeso o escayola** proporcionan un buen aislamiento térmico y acústico además de una defensa efectiva frente al fuego. Estas particiones pueden resolverse mediante placas de dimensiones variables. Suelen estar machihembradas para facilitar su colocación, bien en seco o con pastas o colas para formar una superficie continua.

Para realizar tabiques se comercializan diferentes placas de yeso/escayola con formatos de tamaño medio (60 x 50 cm) y espesores entre 7 y 10 cm. Con estos no deben construirse tabiques de más de 6 metros de longitud sin arriostramiento. Si se desea utilizarlos como separación entre viviendas, pueden emplearse placas dobles con una cámara de aire intermedia de unos 4 cm, con o sin material aislante.

Las **particiones de laminados de cartón-yeso** se incluyen en la técnica denominada de "carpintero", en la que las placas se montan sobre una estructura ligera, dejando una cámara de aire intermedia que puede ser rellenada con un material adecuado para mejorar las cualidades aislantes.

Con el sistema de cartón-yeso se pueden obtener placas de diferentes dimensiones, aunque las series básicas oscilan entre los 10 y los 20 mm de espesor, anchos de 600, 900 y 1.200 mm y longitudes entre los 2.400 y los 3.000 mm. Si se incorpora fibra de vidrio en el alma de la lámina, se aumenta la resistencia al fuego, y si se incorpora una lámina de aluminio dispuesta en el reverso de la lámina, se puede utilizar como barrera de vapor, siendo una solución adecuada para las particiones de zonas húmedas. Con las placas de cartón-yeso se pueden realizar sistemas de tabiques para trasdosado de otros muros o tabiques y tabicones.

 Nota

Se debe poseer la debida formación y experiencia para la realización de las particiones. Las particiones de cartón-yeso son realizadas por personal especializado.

10.3. Arcos

El arco es un elemento constructivo de forma curva que cubre un hueco entre dos puntos consolidados, repartiendo los empujes que recibe hacia estos puntos. Existe una gran variedad en cuanto a su tipología, pudiendo clasificarse en arcos de medio punto, rebajados, peraltados, abocinados, carpaneles, apuntados, de herradura, de descarga, adintelados, etc.

Los arcos funcionan de manera que las cargas sean repartidas equitativamente a los muros o pilares que los aguantan. Las dovelas, que son las piezas que lo conforman, están sometidas a esfuerzos de compresión, y transmiten los empujes a los puntos de apoyo, de manera que tienden a provocar la separación de estos. Para contrarrestar estos empujes se suelen ejecutar a continuación otros arcos o muros con un grosor suficiente en los extremos para equilibrarlos. Los elementos principales que componen un arco de piedra son:

- Las dovelas, piezas con forma de cuña dispuestas radialmente. La dovela del centro se denomina clave. Las dovelas de los extremos reciben el peso y se llaman salmer. La parte interior del arco se llama intradós y su opuesto, trasdós o extradós.
- La imposta o estribo es una moldura o saliente sobre la que se asienta el arco.

Para la correcta ejecución de un arco debe de existir un plano de detalle, para realizar un correcto replanteo del mismo y de las piezas que lo componen con sus medidas.

A continuación describiremos el proceso constructivo:

- Utilizaremos una cimbra sobre la cual se asentará el arco. Normalmente es de madera y deberá ser capaz de soportar el peso del arco hasta que este pueda sostenerse por sí mismo.
- Una vez colocada y apuntalada la cimbra, se colocan los ladrillos sobre la misma, respetando el espesor de las juntas, de manera homogénea.
- Cuando los arcos tengan funciones estructurales, se diseñará el arco de acuerdo a las cargas que vaya a soportar y transmitir, empleando armaduras si fuese necesario.

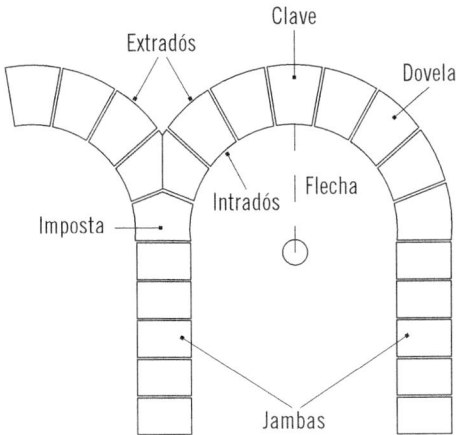

10.4. Dinteles

Un dintel es un elemento constructivo que define la parte superior de un hueco. Dependiendo de si el muro que soporta es resistente o de cerramiento, tendrá una función u otra.

Para determinar los empujes que actúan sobre él, se considerará el peso de los materiales que estén apoyados en el dintel. En caso de ser un muro resistente, se tendrán en cuenta las cargas que los forjados puedan transmitir.

Existen diferentes tipos de dinteles y dependerá de las soluciones y materiales que lo formen. Pueden ser prefabricados de hormigón armado, perfiles metálicos, cerámicos armados, etc. Cuando se utilice ladrillo visto se realizará en dintel a sardinel o a sogas y tizones.

El apoyo de los dinteles debe ser suficiente para asegurar un buen reparto de cargas, siendo la longitud de apoyo mínima en fábricas de ladrillo de 15 cm y en fábricas de ladrillo hueco de 20 cm.

Cuando se usen perfiles metálicos para construir el dintel, estos deben estar protegidos contra la corrosión.

 Consejo

Es importante tener en cuenta las dilataciones de los distintos materiales que constituyen el dintel, ya que podrían ocasionar grietas.

En los cerramientos de dos hojas, se suele emplear un dintel para la hoja exterior y otro para la interior.

10.5. Remates singulares

Jambas

Las jambas son las piezas de una puerta o ventana que, colocadas verticalmente, a ambos lados de la misma, sostienen un dintel o arco y sirven para transmitir esfuerzos y sostener las cargas del dintel. También una jamba es un pilar de piedra o ladrillo, situado en el espesor de un muro, cuya finalidad es consolidar y trabar las piezas del conjunto. Las jambas suelen estar elaboradas en mampostería, ladrillo o madera. En el caso de que el muro sea un cerramiento exterior, de fábrica cerámica, la jamba cerrará la cámara de aire.

Mochetas

La mocheta es un rebaje que se realiza en la parte inferior de un hueco con el fin de encajar el precerco de la ventana.

 Consejo

Es recomendable que la mocheta sea interna, para poder colocar la carpintería desde el interior.

La función de la mocheta es proporcionar protección frente a la lluvia y viento a la junta entre muro y cerco. Así mismo facilita el acoplamiento del precerco o cerco, de manera que se puedan absorber movimientos diferenciales.

En los muros de dos hojas es sencillo obtener la mocheta sin necesidad de cortar las piezas, retranqueando ligeramente la hoja interna.

Alféizar

El alféizar tiene la función de evacuar el agua rápidamente y evitar que entre al interior. Existen de diferentes materiales: piedra, hormigón, cerámica, metal, etc.

El vínculo de la carpintería con el alféizar tiende a provocar defectos funcionales debido al diferente coeficiente de dilatación de los materiales que la componen, teniendo como consecuencia la aparición de fisuras y la consiguiente entrada de agua.

Es muy importante que todo el conjunto compuesto por el alféizar, el cerco y las jambas trabaje conjuntamente, para garantizar la estanquidad; y deben ser sellados con siliconas. Otras recomendaciones son:

- El alféizar debe tener rebordes laterales contundentes y con salientes en los bordes.
- En su unión con el cerco se solapará la unión y contará con un vierteaguas.
- En los laterales penetrará en las jambas y tendrá una pendiente superior a 10°.
- Se colocará una membrana impermeable en todas sus dimensiones interiores.
- Se intercalará un material aislante entre el alféizar y la hoja interior, y evitar así que se produzca un puente térmico al atravesar la cámara de aire.

Remates

Los remates son puntos ubicados en la coronación de los muros y en los pretiles. Generalmente serán albardillas de diferentes materiales y volarán 3 o 4 cm aproximadamente a ambos lados del muro, debiendo ir provistas de goterones en ambos lados.

Estarán perfectamente alineadas y se tomarán con mortero hidrófugo, debiendo crear juntas de dilatación y facilitar el movimiento.

Se deben sellar las juntas o impermeabilizarlas con láminas ya que el agua puede filtrarse a través de las uniones. El impermeabilizante deberá sobresalir hacia ambos lados del muro, para evitar filtraciones de agua a través del mortero.

Emparchado de frente de forjado

Su función es ocultar los frentes de forjado y la cara exterior de los pilares, dando continuidad al cerramiento. Para ello, se utilizan plaquetas cerámicas o rasillas.

Se debe colocar un material aislante entre la plaqueta y el forjado y así evitar el puente térmico. Con esta medida se evita la aparición de manchas al exterior en el paso de los forjados causadas por la condensación.

 Aplicación práctica

Defina y realice un croquis de los siguientes puntos singulares en la fábrica de ladrillo.

1. Jamba
2. Mocheta
3. Alféizar

SOLUCIÓN

1. **Jamba:** las jambas son las piezas de un vano de puerta o ventana que dispuestas verticalmente, a ambos lados del mismo, sostienen un dintel o arco y sirven para transmitir esfuerzos y sostener las cargas del dintel.

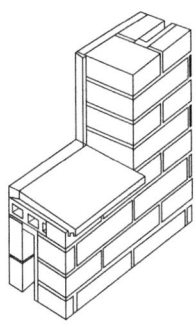

Continúa en página siguiente >>

<< Viene de página anterior

2. **Mocheta:** la mocheta es un rebaje en forma de ángulo entrante que se practica en el perímetro de un hueco con el fin de encajar el cerco y precerco de la ventana. Es recomendable que la mocheta sea interna, para poder colocar la carpintería desde el interior.
3. **Alféizar:** el alféizar es un remate de ventana y puede ser de diferentes materiales; piedra, hormigón, cerámica, etc., y cumple su función cuando el agua es evacuada rápidamente.

11. Procesos y condiciones de calidad de fábricas de albañilería

Antes de usar los materiales de albañilería es fundamental y recomendable saber qué características tienen las piezas, sobre todo las que nos puedan ocasionar problemas patológicos. Y si el fabricante no nos facilita dicha información, necesitaremos tomar muestras y realizar ensayos de calidad. A continuación explicaremos el proceso a seguir para este cometido.

11.1. Toma de muestras

Cuando en un proceso constructivo necesitamos conocer las características de algún material, y no viene especificado por el fabricante o se trata de un material natural, será necesaria la toma de muestras.

 Definición

Muestra
Es una parte o porción extraída de un conjunto por métodos que permiten considerarla como representativa de él y que sirve para conocer la calidad del género.

Para verificar el cumplimiento de las exigencias básicas del CTE puede ser necesario, en determinados casos, realizar ensayos y pruebas sobre algunos productos, según lo establecido en la reglamentación vigente, o bien según lo especificado en el proyecto o lo ordenado por la dirección facultativa.

La realización de este control se efectuará de acuerdo con los criterios establecidos en el proyecto o indicados por la dirección facultativa sobre el muestreo del producto, los ensayos a realizar, los criterios de aceptación y rechazo y las acciones a adoptar.

En el caso de la obra de fábrica, estas se definen en el Documento Básico SE-F, Seguridad estructural: Fábrica del código técnico. El caso de la recepción de cementos, de hormigones, y de la ejecución y control de estos, se encuentra regulado en documentos específicos.

Las piezas (ladrillo, piedra, etc.) se suministrarán a obra con una declaración del suministrador sobre su resistencia y la categoría de fabricación.

Para bloques de piedra natural se confirmará la procedencia y las características especificadas en el proyecto, constatando que la piedra está sana y no presenta fracturas.

En el caso de las **arenas** se tendrá en cuenta:

- Cada remesa de arena que llegue a la obra se descargará en una zona de suelo seco, convenientemente preparada para este fin, en la que pueda conservarse limpia.
- Las arenas de distinto tipo se almacenarán por separado.
- Se realizará una inspección ocular de características y, si se juzga preciso, se realizará una toma de muestras para la comprobación de características en laboratorio.
- Se puede aceptar arena que no cumpla alguna condición, si se procede a su corrección en obra por lavado, cribado o mezcla, y después de la corrección cumple todas las condiciones exigidas.

Para los **cementos y cales** habrá que tener en cuenta:

- Durante el transporte y almacenaje se protegerán los aglomerantes frente al agua, la humedad y el aire.
- Los distintos tipos de aglomerantes se almacenarán por separado.

Y para los **morteros secos preparados y hormigones preparados:**

- En la recepción de las mezclas preparadas se comprobará que la dosificación y resistencia que figuran en el envase corresponden a las solicitadas.
- La recepción y el almacenaje se ajustará a lo señalado para el tipo de material.
- Los morteros preparados y los secos se emplearán siguiendo las instrucciones del fabricante, que incluirán el tipo de amasadora, el tiempo de amasado y la cantidad de agua.
- El mortero preparado se empleará antes de que transcurra el plazo de uso definido por el fabricante. Si se ha evaporado agua, podrá añadirse esta solo durante el plazo de uso definido por el fabricante.

El control de recepción en obra de los morteros debe ajustarse a cada una de las posibilidades que pueden presentarse para estos materiales:

- Morteros fabricados "in situ" (hechos en obra).
- Morteros industriales.

Morteros fabricados "in situ"

Al no disponer del Marcado CE, será obligatorio realizar el Control de Recepción de los morteros "in situ", el cual conlleva un control de recepción de los componentes que afectará a los componentes de los morteros: cementos, áridos y agua. Previamente al Control de Recepción deberá seguirse un Control de Producción, que consistirá en registrar las proporciones y materiales empleados en la mezcla en una Hoja de Dosificaciones cada vez que se elabore el mortero, debidamente firmado por el Constructor.

Morteros industriales

En el caso de morteros industriales secos, la dirección facultativa de la obra podrá dispensar de la realización de los ensayos del Control de Recepción, dado que en la fábrica ya se realizan, entre otros, los ensayos de la tabla anterior.

En el caso de morteros industriales secos en posesión de un distintivo de calidad de carácter voluntario oficialmente reconocido, la dirección facultativa de la obra podrá dispensar de la realización de los ensayos del Control de Recepción.

En el caso que se decida la realización de ensayos en el Control de Recepción, o la toma de muestras preventivas, la actuación será la indicada en los siguientes apartados.

El Control de Recepción se llevará a cabo en el lugar de suministro. La recepción del mortero se llevará a cabo por la dirección facultativa de la obra, o persona en quien delegue. En el acto de recepción deberán estar presentes representantes del suministrador (fabricante o vendedor) y del cliente o personas en quienes este delegue por escrito.

A efectos del Control de Recepción del mortero, se considera una **remesa** la cantidad de mortero, de igual designación y procedencia, recibida en el lugar de suministro en una misma unidad de transporte (camión, contenedor, barco, etc.).

Igualmente, se considera un **lote** la cantidad de mortero, de la misma designación y procedencia, que se somete a recepción en su conjunto.

 Nota

En general, el lote lo formará la cantidad mensual recibida de mortero de igual tipo y procedencia.

El responsable de la recepción o persona autorizada podrá fijar un tamaño inferior para la formación de lotes, en el caso de que lo estime oportuno, o sea exigible, en su caso, por el pliego de prescripciones técnicas particulares o por la dirección facultativa de la obra.

Finalmente, se considera una **muestra** la porción de mortero extraída de cada lote y sobre la cual se realizarán, si procede, los ensayos de recepción.

Tipos de muestras

Se distinguen tres tipos de muestras: preventivas, de control y de contraste.

Las muestras preventivas y de contraste, en su caso, se conservarán durante un plazo de 100 días, de modo que puedan ser ensayadas cuando sea necesario.

Las muestras de control serán tomadas, en su caso, para envío a un laboratorio que cumpla lo establecido en el Real Decreto 2200/1995, de modo que sean efectuados los ensayos sobre aquellos morteros en los que este requisito es exigible.

Las muestras de contraste serán tomadas en los casos en que el fabricante o suministrador lo requiera, a quien le serán entregadas para su conservación y ensayo, en su caso.

Las operaciones de muestreo deberán realizarse en presencia del suministrador y del cliente o de sus representantes autorizados por escrito. En caso de que no se dé la presencia de cualquiera de ellos, podrá llevarse a cabo la operación de muestreo pero se dejará constancia de tal circunstancia en el acta de muestreo. En todo caso, tanto el suministrador como el cliente podrán hacer uso de las muestras para realización de ensayos en laboratorios de su elección si lo consideran necesario.

Operaciones

De cada lote, deben tomarse dos tipos de muestras: una de control para realizar los ensayos de recepción, en su caso, y otra preventiva para conservar por el responsable de la recepción. Cuando el suministrador lo solicite podrá obtener una tercera muestra de contraste.

Si el comprador retirase el mortero de la fábrica o almacén del suministrador, la toma de muestras se hará en dicho lugar y en ese momento.

Las muestras secas se trasladarán, sin que se alteren, al laboratorio para su ensayo. La toma de muestras (a granel o ensacados) se realizará en seco, nunca en fresco, para evitar los problemas que ocasionaría tanto el transporte, como el curado de dicho mortero (condiciones no controladas), así como para conseguir la consistencia especificada por el productor.

 Recuerde

Se distinguen tres tipos de muestras: preventivas, de control y de contraste.

En el caso de **morteros a granel o en silo,** se seguirán los siguientes pasos para extraer la muestra:

- Antes de tomar la muestra se debe asegurar que el silo está lleno por encima del cono (> 1/3).
- Poner en marcha el mezclador.
- Abrir la llave de la zona de arrastre en seco del mezclador.
- Eliminar cualquier resto de material apelmazado.
- Recoger en recipiente rígido todo el caudal de material que salga, hasta completar una muestra de aproximadamente 10 kg.

En el caso de **mortero ensacado** se compondrá la muestra total con al menos muestras de tres sacos que integrarán el lote a controlar.

Todas las tomas de mortero seco a granel o en saco quedarán envasadas en un recipiente hermético con doble tapa adecuado para la conservación en condiciones de aislamiento debidamente etiquetado. Se debe asegurar que durante el transporte al laboratorio el producto no sufre alteraciones.

Conservación de las muestras

Las muestras se conservarán en obra, fábrica o almacén, según corresponda, al menos durante 100 días, a no ser que sea precisa su utilización. El responsable de la recepción o la dirección facultativa de la obra podrán exigir que las muestras permanezcan en un lugar cerrado en el que queden protegidas de la humedad, el exceso de temperatura o la contaminación producida por otros materiales.

Se evitará que el envase pueda quedar dañado y que se rompa el precinto durante las manipulaciones. De darse esta anomalía, la muestra perderá su representatividad.

 Importante

Si el envase o precinto de la muestra resulta dañado o se rompe durante las manipulaciones, dicha muestra perderá su representatividad.

Preparación de la muestra en el laboratorio

En el laboratorio se realizará la muestra conforme al procedimiento operatorio de la norma UNE-EN 1015-2:1999/A1:2007.- Métodos de ensayo de los morteros para albañilería. Parte 2: Toma de muestra total de morteros y preparación de los morteros para ensayo. Se procederá al amasado de la muestra en el laboratorio (condiciones normalizadas), garantizándose tanto la consistencia como el curado normalizado para obtener resultados representativos y no dispersos.

Criterios de aceptación o rechazo

Los lotes se aceptarán o rechazarán en su conjunto. En el caso de obtenerse resultados negativos en los ensayos de Control de Recepción, se analizarán los de contraste; de obtenerse también resultados negativos, la dirección facultativa decidirá el rechazo del lote o la realización de ensayos de información de dicho lote.

11.2. Probetas

Generalmente, con las probetas nos referimos a las muestras que se toman del hormigón. Se utiliza en las cimentaciones y las estructuras de una determinada obra.

Los criterios generales para el control de la ejecución de la obra y su control mediante las probetas o demás pruebas vienen especificados en el Código Estructural.

11.3. Ensayos

Si no existe valor declarado de las piezas por el fabricante para el valor de resistencia a compresión en la dirección de esfuerzo aplicado, se tomarán muestras en obra según UNE-EN 771 y se ensayarán aplicando el esfuerzo en la dirección correspondiente.

El valor medio obtenido se multiplicará por el valor δ de la tabla 8.1 del Documento Básico SE-F del código técnico, no superior a 1,00 y se comprobará que el resultado obtenido es mayor o igual que el valor de la resistencia normalizada especificada en el proyecto.

Algunas características se ensayan según UNE-EN 772 con muestras según UNE-EN 771; son:

- Control dimensional (UNE-EN 772-16)
- Espesor de pared

- Aspecto y estructura
- Apreciación visual
- Resistencia a la compresión (UNE-EN 772-1)
- Absorción de agua (UNE-EN 772-11)
- Expansión por humedad (UNE-EN 772-19)
- Sales solubles activas (UNE-EN 772-5)
- Volumen de huecos (UNE-EN 772-3)

Características a ensayar en morteros hechos en obra para albañilería

Características a ensayar	Uso	Criterios de aceptación y métodos de ensayo
Resistencia a compresión	Todos	Resistencia ≥ que la clase resistente Ensayo: UNE-EN 1015-11:2020
Contenido en iones cloruro	Fábricas armadas	Cl < 0,1 % masa mortero seco Ensayo: UNE-EN 1015-17:2001/A1:2005
Absorción de agua	Fábrica cara vista	Absorción de agua por capilaridad: − c ≤ 0,4 kg/m^2 · min 0.5 − c ≤ 0,2 kg/m^2 · min 0.5 Ensayo: UNE-EN 1015-18:2003

Los resultados para cada partida de mortero elaborado deberán registrarse en una Hoja de Control de Ensayos firmada por el Constructor.

A efectos del control de fábrica mediante ensayos, se define el **lote de control** como la cantidad de mortero del mismo tipo y cantidad de 1.000 t o 600 m^3 o fracción no inferior a 250 t. Se realizará un mínimo de un muestreo para cada lote.

11.4. Comprobaciones y partes de control

Durante la obra se realizarán las comprobaciones que sean necesarias y los partes de control de la recepción, toma de muestras y resultados de ensayos que sean necesarios.

 **Nota**

Éstos serán requeridos por la dirección facultativa para el certificado final de obra.

En la recepción de los morteros se redactará un acta para cada toma de muestras, que elaborará el responsable de la recepción del mortero y será suscrita por los representantes de las partes presentes. Se deberá adjuntar copia de esta acta con cada una de las muestras. El documento deberá incluir, al menos, la siguiente información:

- Nombre y dirección del organismo responsable de la toma de muestras.
- Designación normalizada del mortero y marca comercial.
- Identidad de la fábrica productora.
- Referencia del Marcado CE.
- Número del certificado del distintivo oficialmente reconocido.
- Lugar, fecha y hora de la toma de muestras.
- Marca o código de identificación sobre el recipiente de las muestras.

11.5. Control de ejecución

Pasaremos a enumerar los pasos básicos necesarios para el control de la correcta ejecución de los trabajos de albañilería, analizando en un primer punto las tareas previas a la ejecución del trabajo, posteriormente el replanteo de los trabajos; el proceso constructivo y, finalmente, el control de calidad y diversos aspectos a tener en cuenta en la ejecución de los trabajos de albañilería.

Tareas previas

Antes de comenzar con los trabajos específicos de tabiquería, debe estar ejecutado el cerramiento de la fachada, aunque en ciertos casos algunas divisiones interiores pueden comenzarse antes, por ejemplo: caja de escaleras y ascensores.

Comprobar que los forjados estén limpios, habiendo barrido prolijamente antes de comenzar las tareas.

Verificar que se encuentren en obra los contracercos de madera para recibirlos a medida que van ejecutando los tabiques de fábrica.

Replanteo

Efectuar un replanteo general en planta, donde se comprueban las medidas de las habitaciones, medidas parciales entre paredes y puertas, teniendo la previsión de dejar el espacio para el tapajuntas y el grosor del yeso; esta medida no debe ser menor a 6 cm, debe calcularse de acuerdo al ancho del tapajuntas.

Proceso constructivo

Habiendo concluido el replanteo, se disponen las miras aplomadas, verticales, guardando entre sí una distancia no mayor de 4,00 m.

Se colocan los premarcos cuidando que concuerden las medidas tomadas del tabique en ejecución.

Con los ladrillos previamente humedecidos, se coloca la primera hilada.

En estos tabiques de fábrica es suficiente con colocar hilos horizontales cada tres hiladas de ladrillos. Estos hilos se sujetan a las miras, donde ya se ha marcado la medida de las hiladas, para mantener la horizontalidad.

Extender el material de agarre (mortero o yeso) sobre toda la superficie del ladrillo y en la cabeza a unir con el ladrillo colocado anteriormente, cuidando de formar juntas de 1 cm de espesor. A medida que se colocan los ladrillos, se van limpiando las rebabas de mortero.

Para la última hilada, se deja una holgura de 2 cm antes de llegar al forjado, que será rellenada luego, antes de la aplicación de los yesos. De esta manera, se previene de probables fisuras en las uniones de tabique y forjado por los movimientos normales que los forjados tienen al ir cargándolos con las fábricas de ladrillos.

La unión entre tabiques se realiza mediante enjarjes o trabazones, ejecutando dos hiladas no y una sí.

Para finalizar, comprobar que se encuentre aplomada, plana, que no se haya roto ningún ladrillo, cuidando la horizontalidad de las hiladas y que estén libres de rebabas.

Aspectos a tener en cuenta

Solicitar los contracercos de madera previamente para que se encuentren en obra al momento de la ejecución de las fábricas. Estos contracercos deben quedar en sus posiciones perfectamente escuadrados, alineados y aplomados, provistos de los elementos necesarios para que no se deformen.

Al realizar el pedido de contracercos, cuidar de tomar los diferentes espesores de los tabiques para coincidir con los contracercos.

Antes de colocar los ladrillos, deben estar humedecidos para evitar que absorban la humedad del material de agarre y luego queden sueltos.

 Importante

Antes de colocar los ladrillos, deben estar humedecidos para evitar que absorban la humedad del material de agarre y luego queden sueltos.

Las fisuras entre las fábricas de ladrillos y los elementos estructurales (p. ej.: pilares) se previenen chapando los elementos estructurales con ladrillos a fin de lograr la continuidad del ladrillo y evitar las fisuras que pueden aparecer en el yeso.

Cuando se realiza el acopio de material en plantas, deben colocarse los palés pegados a los pilares, nunca en el centro de vanos, para impedir la deformación del forjado.

Control de Calidad

Para la ejecución de fábrica de ladrillo, se realizarán los siguientes controles:

- Comprobar trabajos de replanteo general.
- Verificar tareas de ejecución de la fábrica.
- Comprobación final de los trabajos (verticalidad, horizontalidad de las hiladas, correctos enjarjes, ausencia de rebabas).

Antes de la ejecución de la fábrica comprobar los materiales:

- Pasta de yeso: Se emplea para la ejecución de tabique con ladrillo hueco sencillo.
- Mortero de cemento: Se emplea para la ejecución de todas las otras fábricas; dosificación 1:6.

Para ejecutar fábricas a partir de 1,60 m, se necesitan tableros y borriquetas.

12. Patologías

Con el paso del tiempo las fábricas de ladrillo pueden verse afectadas por patologías que ocasionen problemas estructurales y estéticos. A continuación comentaremos las patologías más frecuentes de las fábricas de ladrillo y las recomendaciones para evitar que se produzcan.

12.1. Eflorescencias

Las eflorescencias son manchas provocadas por la presencia de sales solubles en constitución de los ladrillos. La lesión que produce es meramente estética ya que no afecta a la resistencia del ladrillo; pero en algunos casos, si la cristalización de las sales se produce internamente, estas aumentarán su volumen y como consecuencia destruirán el ladrillo.

Eflorescencia

El origen de las sales puede estar en los dos materiales que componen la fábrica de ladrillo, que son los ladrillos y el mortero. Pero también se puede dar el caso de que no estén en sus componentes, sino en su entorno más próximo, y a través de la capilaridad alcance a la fábrica de ladrillos. Por ejemplo, si el terreno donde se asienta la base de la fábrica de ladrillos es de tipo arcilloso, lo más probable es que tenga sales solubles y por tanto, si no se ha impermeabilizado adecuadamente la base, las sales se filtrarán por toda la fábrica y aparecerán las eflorescencias.

 **Nota**

Otra causa puede ser el ambiente marino, que sin lugar a dudas producirá eflorescencias debido a la agresividad de este tipo de ambiente.

Cuando el culpable de la eflorescencia es el ladrillo, el origen de las sales está en su componente principal, la arcilla. También puede tener su origen en los procesos de secado y cocción debido a las reacciones químicas que se producen en este periodo.

Por otro lado, tenemos el otro componente de la fábrica, el mortero, que a su vez está compuesto de agua, arena y cemento. El mortero suele ser el causante mayoritario de la aparición de las eflorescencias, y las principales causas son:

- La composición del cemento puede contener sulfatos solubles.
- La arena, si es de origen marino, tendrá en su composición sales solubles.
- El agua de amasado, si su procedencia es marina, o está en contacto con terrenos ricos en sales solubles.

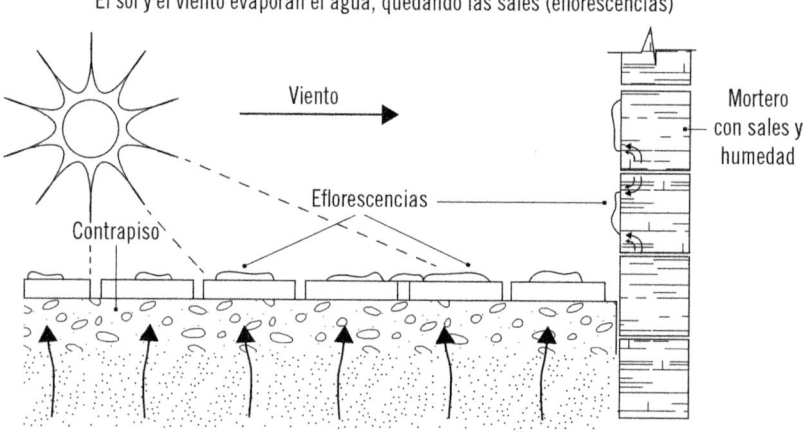

El sol y el viento evaporan el agua, quedando las sales (eflorescencias)

La eflorescencia es una patología complicada de controlar, debido a que su aparición depende de muchos factores en los componentes de la fábrica. No obstante, se pueden dar una serie de recomendaciones de puesta en obra y de diseño que reducirán su aparición:

- Utilizar ladrillos no eflorecidos. Para ello debemos exigir al fabricante los certificados de calidad que demuestren la carencia de sales solubles en sus ladrillos o hacer un ensayo de eflorescencia antes de usar los ladrillos.
- Se aconseja el uso de ladrillos de tipo hidrófugo y de baja absorción de agua.

- Comprobar el mortero realizando pruebas con los ladrillos que se vayan a utilizar y realizar un ensayo de eflorescencia de ambos componentes.

- Evitar mojar en exceso el muro tras su ejecución; no obstante, si la temperatura ambiental es elevada, se debe mojar las fábricas para evitar la deshidratación del mortero.

- Enfoscar los paramentos después de 48 horas desde la terminación del muro y así es menos probable la aparición de eflorescencias a causa del mortero.

- Acopiar los ladrillos en superficies limpias, evitando el contacto con el terreno, ya que los ladrillos podrían absorber sales solubles procedentes del terreno.

- En las tareas de impermeabilización con espuma de poliuretano, se procurará efectuar su proyección una vez haya secado el muro, porque si no la humedad residual del muro emergerá por la cara exterior del mismo.

- Si las fábricas están en contacto con la tierra, se debe impermeabilizar el intradós del muro, y así evitar la capilaridad de sales procedentes del terreno.

- Los elementos de protección tales como aleros, albardillas, vierteaguas, etc., se diseñarán y colocarán de manera que no faciliten la acumulación de agua en zonas de contacto con los ladrillos.

- Una vez terminada la fábrica, en las labores de terminación y limpieza, no se debe realizar la limpieza con agua hasta que no estén secos, ya que el agua que falta por eliminar puede aportar que las sales aparezcan de nuevo.

- Si la aparición de sales es escasa, sería conveniente cepillar las zonas afectadas y posteriormente limpiar el paramento con agua limpia, comenzando por la parte superior, evitando que los residuos con presencia de sales discurran por la parte inferior del paramento.

- Otra opción es limpiar con productos químicos específicos para estas lesiones atendiendo a las instrucciones del fabricante para evitar otros daños en el mortero y el ladrillo.

12.2. Desconchados

Los desconchados son desprendimientos de una parte de la superficie del ladrillo que conlleva la aparición de un cráter más o menos profundo en torno a los 6 mm. Se producen principalmente por el caliche, que son nódulos de cal viva sin apagar, existentes en el mortero o el ladrillo.

Estos nódulos de cal se forman durante la cocción y proceden de los granos de caliza que contiene la materia prima y que no han sido suficientemente triturados en el proceso de molienda.

 Nota

Si el tamaño del nódulo de cal es menor de 0,5 mm, es muy poco probable que produzca el desconchado.

La resistencia mecánica de los ladrillos es esencial para que los caliches no lo destruyan. Por ello, un mismo grano de caliche producirá distintos efectos en piezas con mayor o menor resistencia mecánica.

El principal problema de esta patología es que su apreciación no es inmediata. Esto bien determinado por la humedad ambiental, ya que puede pasar bastante tiempo hasta que aparezcan los primeros síntomas. En tiempo caluroso, la combinación de aire con más presencia de vapor y temperatura más elevada hace que la lesión aparezca con mayor rapidez que con las condiciones invernales.

Para evitar que se produzcan desconchados por caliches, los fabricantes de ladrillos deben ejecutar la molienda más fina de las materias primas, cocer los ladrillos a la temperatura adecuada (regulación) y sumergir las piezas en agua en cuanto salgan del horno.

Ciclo de actuación de una caliche sobre un ladrillo

12.3. Heladicidad

Esta patología se produce principalmente en ladrillos de cara vista por causa de las heladas, provocando la rotura de los ladrillos, y tiene como consecuencia el deterioro de los ladrillos por causa de desprendimientos, exfoliaciones y roturas ocasionadas por la presión que se produce dentro del ladrillo al pasar el agua de estado líquido al estado sólido.

Si los ladrillos o el mortero contienen exceso de agua en condiciones ambientales heladizas, las consecuencias son la expansión por solidificarse el agua y, por último, la disgregación de los materiales.

La acción destructiva del hielo se produce por el aumento de volumen del agua contenida en el interior de la fábrica que se produce al pasar al estado sólido durante las heladas. El hielo formado produce grandes presiones y, dependiendo de si el material tiene una buena resistencia, se disgregará o no.

A continuación vemos algunos aspectos importantes a tener en cuenta a la hora de evitar la helacidad:

- En zonas con riesgo de heladas se debe utilizar siempre ladrillos con controles de calidad que certifiquen su resistencia a las heladas.
- Emplear ladrillos con absorción de agua inferior al 6%.
- Evitar que los ladrillos estén en contacto con zonas donde se produzcan encharcamientos, ya que saturaría el ladrillo de agua y por consiguiente con la actuación de las heladas aumentaría el riesgo de disgregación.
- Rematar pretiles y ventanas con albardillas provistas de goterones.
- Si las fábricas están en contacto con la tierra, se debe impermeabilizar el intradós del muro, y así evitar la capilaridad del agua a través del terreno y no saturar los ladrillos de agua.

- No ejecutar la fábrica de ladrillos con tiempo muy frío, ya que el mortero es muy sensible a las heladas.
- En zonas con ambiente marítimo, la acumulación de sales sobre los muros ejerce un efecto destructivo similar al hielo, debido al aumento de volumen por la cristalización de las sales. Por tanto, también es conveniente no usar ladrillos que no superen los controles de calidad para heladicidad.
- El ensayo de heladicidad, junto con los ensayos de resistencia mecánica, y comprobando que superan los mencionados controles, aseguran que el ladrillo no se disgregue.

 Importante

No ejecutar la fábrica de ladrillos con tiempo muy frío, ya que el mortero es muy sensible a las heladas.

12.4. Permeabilidad

Cuando la superficie exterior de un muro de ladrillo se moja por acción del agua de lluvia, la humedad tiende a desplazarse hacia la parte seca del mismo. Si la humedad llega a la cara interior del muro, propiciará, entre otros problemas, el deterioro del revestimiento interior y un exceso de humedad en la habitación.

A los muros de doble hoja también les afecta la permeabilidad, sobre todo en las llaves que unen las dos hojas. En la cámara de aire se producirán con mayor facilidad condensaciones que pueden terminar haciendo aparecer la humedad en el interior. Si el espacio entre las dos hojas está ocupado por un aislamiento térmico, su efectividad se reducirá considerablemente.

Si bien es cierto que las causas de la aparición de manchas de humedad en el interior de una pared de ladrillo pueden ser diversas, muchas de ellas están relacionadas con los encuentros con otros elementos, como carpinterías o elementos estructurales.

Se pretende aquí hacer hincapié en los aspectos en los que interviene únicamente el ladrillo y su forma de colocación.

Como recomendación fundamental está la de humedecer, de forma previa a su colocación en obra, todos los ladrillos cuya succión sea superior a 0,10 g/cm^2.min. Este humedecimiento habrá de ser suficiente para bajar la succión por debajo de esa cifra máxima y uniforme para evitar succiones diferenciales que imposibilitarían la elección del mortero adecuado. Es necesario extremar estos cuidados si la llaga es muy estrecha, ya que se aumenta la influencia de este factor.

 Nota

Cuidar la ejecución de las llagas evitando que puedan quedar espacios sin rellenar. Esto es frecuente, especialmente, en las llagas verticales. El repaso de las juntas de mortero mejora el comportamiento de las mismas, además del aspecto estético de la fachada.

En paramentos en situación expuesta y situados en zonas donde sean previsibles periodos prolongados de lluvia, se tenderá a utilizar ladrillos de moderada o baja succión-absorción de agua, cuidando además su puesta en obra.

12.5. Expansión por humedad

La expansión por humedad es una patología que presentan los materiales cerámicos que consiste en el aumento de su dimensión debido a la captación de la humedad ambiental.

La expansión por humedad de los ladrillos aparejados ya en la fábrica provoca la aparición de grietas y fisuras, dándose esta situación en los cerramientos y en los muros de carga. El origen de estas grietas se debe a la composición del ladrillo, a la disposición constructiva y su puesta en obra.

Si los muros son de grandes dimensiones y tienen coartado su movimiento longitudinal debido a estar embebidos entre los pilares de la estructura, se producirá un abombamiento en el centro de la fábrica hacia el exterior, dando lugar al desprendimiento de los ladrillos. Lo mismo ocurrirá si el movimiento está coartado por los forjados, entonces el abombamiento dará lugar a una grieta horizontal a mitad de muro.

En los muros de carga y en muros de cerramiento construidos con ladrillos es recomendable prever una junta de movimiento con una llave embebida que enlace ambos paramentos a fin de evitar los efectos higrotérmicos que provoquen la aparición de unas fisuras.

Los ladrillos, a pesar de su dureza, se dilatan o contraen por los cambios de temperatura y la humedad. En obra se recomienda colocarlos humedecidos previamente y cuando se secan se producen contracciones, y luego aparecen grietas en las juntas.

 Consejo

Para evitar esta patología, es necesaria la realización de juntas de dilatación y así permitir que los ladrillos tengan cierto movimiento.

La expansión por humedad es una característica que poseen casi todos los materiales cerámicos cuando aumentan sus dimensiones como consecuencia de la humedad ambiental.

El origen de esta patología comienza desde que las piezas salen del horno, y con el paso del tiempo se va desarrollando más. Depende de varios factores, como el tipo de arcilla, la temperatura de cocción, la humedad en la zona de acopio y el tiempo entre su fabricación y la puesta en obra.

El tipo de arcilla es crucial, para evitar la expansión por humedad, ya que, dependiendo del tipo que se use en la confección de los ladrillos, se obtendrán expansiones mayores o menores. Por ejemplo, los ladrillos fabricados con arcillas de tipo caolinítico producen mayor expansión, y en cambio en las que se utiliza arcilla calcárea se muestran expansiones bastante reducidas.

Es importante que en la obra se humedezca los ladrillos varios días antes de su colocación y así reducir considerablemente su expansión residual.

Para evitar problemas, el proveedor de los ladrillos nos facilitará la ficha de estos, donde aparecen los valores que determinan la expansión por humedad y donde se observa que han pasado los controles de calidad pertinentes. Además, conviene tener en cuenta estas cuestiones:

- Utilizar ladrillos que lleven fabricados varias semanas si el valor de su expansión es elevado.
- Humectar los ladrillos antes de su puesta en obra.
- Disponer juntas de dilatación a distancias adecuadas.

Muestra de expansión por humedad

13. Resumen

En conclusión, en este capítulo hemos analizado la organización de las obras de fábrica de ladrillo desde un punto de vista teórico con el estudio del proyecto, del plan de obra, del plan de calidad y del plan de seguridad. Posteriormente, en un aspecto más práctico, se ha analizado la ordenación de los tajos, la distribución de los trabajadores, la planificación y el seguimiento de la ejecución de los trabajos para que esta se produzca de la manera más eficiente y segura posible.

Por último, se han estudiado los aspectos relacionados con la calidad y las patologías en las fábricas de albañilería. Una mala elección de los ladrillos puede ocasionar problemas patológicos en forma de lesiones a corto o largo plazo; por tanto debemos exigir al proveedor de los materiales las características de estos y observar que superan los controles de calidad para ser utilizados en la obra.

Ejercicios de repaso y autoevaluación

1. ¿Cuando se realizará el Plan de obra?

a. Durante la ejecución de la obra.
b. Antes de la concesión de la licencia de obras.
c. Una vez terminado el proyecto de ejecución.
d. Al finalizar la obra.

2. Los diagramas de Gantt, ¿en función de qué dos parámetros dependen?

a. Duración de la obra y presupuesto.
b. Duración de la obra y actividad de obra.
c. Actividad de obra y presupuesto.
d. Presupuesto y superficie ejecutada de obra.

3. El control de calidad se realiza sobre...

a. ... los materiales.
b. ... la ejecución.
c. ... el proyecto, ejecución, materiales.
d. ... el proyecto.

4. ¿Dónde se define el control de calidad?

a. En las mediciones del proyecto.
b. En el contrato de la obra.
c. En el plan de obra.
d. En el proyecto como un apartado más.

5. ¿Quién realizará el Plan de seguridad?

a. Promotor.
b. Arquitecto.
c. Constructor contratista.
d. Suministrador.

6. ¿Cuándo se realizará el Plan de seguridad?

    a. Durante la ejecución del proyecto.
    b. Antes del inicio de la obra.
    c. Al final de la obra.
    d. No es necesario, es el mismo para todos los proyectos.

7. ¿Quién asume la formación de los trabajadores?

    a. La administración.
    b. El propio trabajador.
    c. El promotor.
    d. El contratista.

8. ¿En qué documento aparecerá la ubicación definitiva de las instalaciones provisionales de obra?

    a. Plan de Control de calidad.
    b. Proyecto.
    c. Estudio de seguridad y salud.
    d. Plan de seguridad.

9. ¿Quién se encarga de la distribución de los trabajadores, materiales y equipos de obra en el tajo?

    a. Promotor.
    b. Constructor.
    c. Jefe de obra.
    d. Arquitecto técnico.

10. Indique las partes que componen el arco de la imagen:

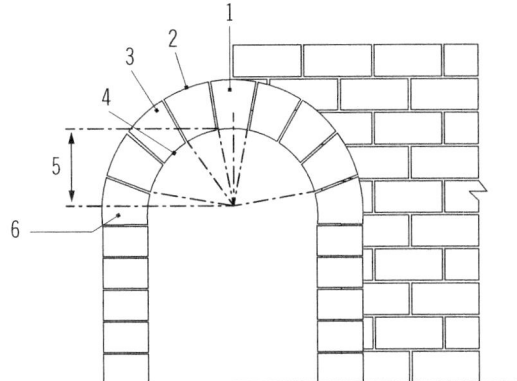

1. _____
2. _____
3. _____
4. _____
5. _____
6. _____

Capítulo 3

Medición y valoración de fábricas de albañilería

Contenido

1. Introducción

Dedicaremos este capítulo a estudiar los métodos utilizados para redactar los presupuestos de obras de fábricas de albañilería, los procedimientos para la selección de las empresas constructoras y los modelos para afrontar la valoración de las obras ejecutadas.

Todos estos aspectos que vamos a tratar en este capítulo son fundamentales en una obra, ya que en un paso previo nos dan a conocer una valoración del total de la obra, luego nos permiten el control de los costes de la obra mediante las certificaciones de obra y, finalmente, saber los posibles desvíos en el presupuesto o ampliaciones de este debidas a modificaciones en el proyecto.

2. Ofertas, mediciones y certificaciones. Procesos de elaboración

En primer lugar, convendría dejar claro las diferentes acepciones de estos términos para facilitar la compresión de todo el capítulo que vamos a tratar:

- **Oferta:** conjunto de documentos que aporta un constructor para optar a la adjudicación de una obra en una licitación. La licitación puede ser pública, si la realiza una entidad pública, o privada, si esta la hace un promotor particular para su uso o venta.
- **Medición:** proceso a través del cual se definen las partidas, las dimensiones y la cantidad en que intervienen en un determinado proyecto las diferentes unidades de obra en que se divide el presupuesto.
- **Presupuesto:** es la estimación del coste esperado para una futura construcción. Aunque en este sentido, existen diferentes niveles de presupuestos que serán tratados en el punto 7 de este capítulo.
- **Valoración:** proceso que conduce a la determinación de los importes de cada certificación durante la ejecución de la obra.
- **Certificación:** proceso por el cual la constructora determina la cantidad real de obra realizada de las diferentes unidades.

 **Nota**

Estas certificaciones son presentadas a la propiedad y a la dirección facultativa para su repaso y para que puedan ser abonadas.

2.1. Ofertas

La elaboración de la oferta consiste en la presentación del presupuesto, que es la unión de los dos procesos previos a realizar: la medición y el precio de las distintas unidades de obra.

Cuando unimos el precio de una determinada unidad de obra o partida a su medición resulta el importe de ejecución por partida.

Por tanto, la oferta será el resultado de la suma de los importes de ejecución por partida hasta alcanzar el importe de contrata o presupuesto total.

Para la obtención del presupuesto, el redactor de la oferta tiene diferentes opciones en función del grado de detalle deseado, que se representan en la siguiente tabla y que pasaremos a explicar en los distintos puntos de este capítulo.

Niveles Básicos	Niveles Opcionales
1. Importe de contrata	
2. Importe de ejecución material + costes indirectos	
3. Resumen por capítulos	3.1. Resumen por subcapítulos 3.2. Resumen de apartados 3.3. Resumen de grupos
4. Precios unitarios	
5. Precios básicos	5.1. Precios auxiliares
6. Precios de suministro	

La organización del presupuesto en niveles se apoya en una clasificación ordenada siguiendo una estructura jerarquizada, representada en la siguiente tabla:

Niveles	Definiciones
N1. Obra	Vértice del sistema de clasificación en que estarán representados todos los elementos constructivos que la componen
N2. Capítulos	División de la obra en conjuntos de elementos con alguna característica en común. *Ejemplo: 06. Albañilería*
N3. Subcapítulos	División de cada capítulo en conjuntos de menor rango con alguna característica en común. *Ej.: 06L. Fábricas de Ladrillo*
N4. Apartados	División de cada subcapítulo en conjuntos de menor rango con alguna característica en común. *Ej.: 06LP. Fábricas de Ladrillo Perforado*
N5. Grupos	División de cada apartado en conjuntos de menor rango con alguna característica en común. *Ej.: 06LPC. Fábricas de Ladrillo Perforado, Citaras*
N6. Unidades de obra	División de cada grupo en conjuntos de menor rango con alguna característica en común. *Ej.: 06LPC00001. Fábricas de Ladrillo Perforado, Citaras para revestir*

Como se puede observar, a modo de ejemplo, se ha seguido la codificación utilizada por BCCA (Base de Costes de la Construcción de Andalucía) usada en los bancos de precios de referencia de la Junta de Andalucía y que es empleada en todo el territorio nacional. Aunque, como es lógico, cada oferta o medición puede utilizar la codificación y el orden que quiera, siempre que sea entendible y razonable.

 **Recuerde**

Llamamos oferta al conjunto de documentos que aporta un constructor para optar a la adjudicación de una obra en una licitación.

Esta forma de agrupar por capítulos, subcapítulos, apartados y grupos es muy útil para elegir entre soluciones alternativas en la fase de proyecto y para preparar el control económico durante la fase de ejecución de la obra.

Presupuesto de vivienda unifamiliar

Presupuesto

Código	Nat	Ud	Resumen	CanPres	PrPres	ImpPres
01	Capítulo		ACONDICIONAMIENTO DEL TERRENO	1		1.084,33
02	Capítulo		CIMENTACIÓN	1		15.487,17
03	Capítulo		SANEAMIENTO	1		4.064,25
04	Capítulo		ESTRUCTURAS	1		28.131,07
05	Capítulo		CUBIERTAS	1		5.874,98
06	Capítulo		ALBAÑILERÍA	1	25.172,66	25.172,66
06LPM00001	Partida	m²	FÁBRICA 1 PIE L/PERF. TALADRO PEQUEÑO REVESTIR	141,22	27,13	3.831,30
06LPC00001	Partida	m²	CITARA L/PERF. TALADRO PEQUEÑO REVESTIR	663,74	14,59	9.683,97
06DTD00002	Partida	m²	TABICÓN DE LADRILLO H/D 7 cm ESPESOR	658,81	8,50	5.599,89
06WDD00005	Partida	m	CARGADERO FORMADO POR VIGUETA AUTORRESISTENTE	45,00	12,20	549,00
06WWW00005	Partida	m	EMPARCHADO DE FRENTES DE FORJADO CON LADRILLO HUECO	94,15	3,50	329,53
06WFF00011	Partida	m²	FORM. PENDIENTE 0,75 m ALT. MEDIA, TABICONES Y T. RASILLÓN	54,58	31,98	1.745,47
08CVE00002	Partida	u	ASPIRADOR ESTATICO CON PIEZAS DE FIBROCEMENTO	4,00	52,73	210,92
06WWW00022	Partida	m	CORNISA O IMPOSTA DE 30X30 cm DE L/MACIZO DE TEJAR	22,10	38,69	855,05
06WMM00102	Partida	m	FORM. MOCHETA 1 PIE C. VISTA L. M. DE TEJAR EN FAB. 1 PIE	16,40	11,11	182,20
06WDD80000	Partida	m	CARGADERO METALICO 2 IPN-140	11,36	28,72	326,26
06WDD00041	Partida	m	CARGADERO 1/2 PIE C. VISTA A SARDINEL L/M DE TEJAR	6,64	34,21	227,15
06WWW00012	Partida	m²	EMPARCHADO C. VISTA FRENTE DE FORJADO CON PLAQUETAS	3,20	30,51	97,63
06WPP00001	Partida	m	FORMACIÓN DE PELDAÑO CON LADRILLO HUECO	37,00	8,26	305,62
06WWW90550	Partida	ud	REALIZACION DE GUARDAPOLVO	2,00	75,20	150,40
06WWR80000	Partida	m²	RECIBIDO DE CERCOS EN DIVISIONES INTERIOR (TABIQUES)	42,49	9,82	417,25
06WWR80060	Partida	m²	RECIBIDO DE CERCOS EN CERRAM. EXTERIORES (FAB. REVESTIR)	58,81	11,24	661,02
			06	1	25.172,66	25.172,66
07	Capítulo		AISLAMIENTOS	1		3.583,52
08	Capítulo		REVESTIMIENTOS			47.701,95
...	Capítulo		....	....	...	....
25	Capítulo		GESTION DE RESIDUOS	1		281,14
			IMPORTE DE EJECUCION MATERIAL	1		208.823,17

Ejemplo de presupuesto con la ordenación por códigos explicada

En este ejemplo de elaboración de oferta se puede observar la codificación y la presentación por capítulos. Así, es más fácil el control de los distintos capítulos que, generalmente, responden a una división por trabajos de distintos operarios (albañil-albañilería, electricista-electricidad, etc.), aunque en cualquier capítulo pueden aparecer distintos oficios (ejemplo: en la electricidad, los albañiles realizarán las regolas para los diferentes circuitos).

2.2. Mediciones

La medición nos proporciona la cantidad con que cada unidad de obra interviene en el conjunto.

 Recuerde

La medición es el proceso a través del cual se definen las partidas, las dimensiones y la cantidad en que intervienen en un determinado proyecto las diferentes unidades de obra en que se divide el presupuesto.

El proceso de elaboración de la medición comienza con una primera etapa dedicada a la obtención de información, a través del estudio de la documentación contenida en el proyecto (memoria, pliego de condiciones y planos); sigue con una etapa en la que se deben aclarar dudas e informaciones con el autor del proyecto y con el promotor (calidades de materiales, dudas constructivas, etc.); continúa con la redacción de una relación exhaustiva de las partidas que integran la obra, y finaliza con la medición sobre los planos de las distintas unidades de obra.

Análisis de la documentación

El primer paso que hemos de dar para la elaboración de la medición de un proyecto de edificación debe ser el análisis de la documentación aportada por el proyecto. Los documentos de referencia en el proyecto son la memoria, el pliego de condiciones, los planos y las diversas informaciones complementarias que se puedan aportar.

- **Memoria.** La memoria es un documento en el que se describe íntegramente el proyecto de forma escrita. De la memoria se puede extraer información tal como el uso del edificio, las características formales y constructivas, el plazo de ejecución de la obra o las cualidades y características de los productos a emplear.
- **Pliego de condiciones.** Es un documento en el que se definen las características, calidades y tolerancias de los factores productivos, los procedimientos a seguir en los procesos y los criterios de medición.
- **Planos.** Son los documentos gráficos que desarrollan de forma muy detallada y a diferente escala el edificio proyectado. Los planos proporcionan datos tales como la ubicación, la forma y disposición del edificio, las dimensiones y los detalles de ejecución de las diferentes unidades de obra.

Información complementaria

El objetivo de esta etapa es completar la información que sea precisa para elaborar el presupuesto, utilizando como referencia el listado de elementos que requieren aclaración obtenido del análisis anterior.

 Nota

Para conseguir las respuestas requeridas será necesario recurrir al autor del proyecto y al promotor.

El autor del proyecto debe ser el encargado de aclarar todas las dudas surgidas en el análisis de la documentación.

Al promotor es frecuente que le preguntemos por cuestiones relacionadas con la calidad de los materiales o por el coste final que se pretende alcanzar.

Otras informaciones complementarias pueden ser las consultas o instituciones (colegios profesionales, ayuntamientos, etc.), las consultas a otros agentes externos (suministradores de materiales, subcontratistas, etc.) y las inspecciones visuales (visitas al solar, estado de las medianeras, etc.).

Relación de partidas

La relación de partidas es un documento de vital importancia en la medición, porque en él se materializa la estructura de la medición o el presupuesto, la división en partes y la selección de las unidades de obra.

Con esta acción, el redactor del prepuesto sabe qué partidas debe medir y cuál es su ubicación en el edificio y, simultáneamente, puede ir afrontando el precio de las diferentes unidades de obra.

Cada partida debe estar definida al menos por los siguientes elementos: código, unidad de medida, nombre de la partida, descripción de la partida y criterio de medición. En ocasiones, también es conveniente añadir una referencia de la ubicación de la partida en el proyecto que evitará tener que regresar al análisis de la documentación para localizar la situación en el proyecto de alguna partida singular.

También es muy conveniente para la estructura de la medición realizar una relación de capítulos y subcapítulos, que nos permitirá tener una idea más clara del conjunto de la obra, como podemos observar en la siguiente tabla:

Capítulo - subcapítulo	Concepto
01.	Demoliciones y trabajos previos
02.	Acondicionamiento de los terrenos
...	...
06.	Albañilería
06.D.	Distribuciones de ladrillo
06.L.	Paredes de ladrillo
...	...
10.	Revestimientos
10.A.	Aplacados
10.S.	Suelos
10.T.	Techos
...	...

Con todos estos elementos analizados, nos debe ser más fácil la elaboración y estructuración de la medición, para que todo el agente que interviene en la obra (autor, promotor, contratista, etc.) pueda entender las diferentes unidades de obra y cómo están organizadas dentro de la obra.

2.3. Certificaciones

La certificación es el proceso por el cual la constructora determina la cantidad real de obra realizada de las diferentes unidades en un determinado periodo de tiempo que, por lo general, suele ser cada mes. Estas certificaciones son presentadas a la propiedad y a la dirección facultativa para su repaso y para que puedan ser abonadas.

Las certificaciones deben seguir el mismo esquema en el que se han realizado las mediciones de la obra que se va a certificar, es decir, deben tener el mismo orden para que el repaso por parte del promotor y de la dirección facultativa que tiene que asesorar al promotor sea lo más rápido posible.

 **Importante**

Las certificaciones deben seguir el mismo orden que el de la realización de las mediciones de la obra que se va a certificar, para que el repaso por parte del promotor y de la dirección facultativa que tiene que asesorar al promotor sea lo más rápido posible.

El contratista debe medir a pie de campo (en la obra) las diferentes unidades de obra realizadas en el periodo de tiempo que se certifica y plasmarlo en un documento que se denomina certificación. Esta medición in situ permite localizar posibles aumentos, desviaciones o disminuciones en las cantidades totales de cada unidad de obra.

Las certificaciones también permiten la redacción de nuevas unidades de obra que se han decidido incorporar con posterioridad a la terminación del proyecto o que han sufrido cambios.

La forma más usual de realizar las certificaciones es a origen, que significa que las certificaciones se van sumando desde el inicio de la obra y se les resta la anterior. Este método permite que un posible error en una certificación se subsane en la posterior.

Las certificaciones deben tener la aprobación del promotor y de la dirección facultativa. También es común la retención de un 5 % del total de la certificación hasta el final de la obra para hacer frente a las posibles deficiencias y subsanaciones por parte del contratista.

En las certificaciones es frecuente la inclusión de precios contradictorios, que son esas partidas de obra que no estaban incluidas en el presupuesto, ampliaciones o modificaciones, que deberán ser discutidas y aprobadas por la dirección facultativa.

RESUMEN

VIVIENDA AISLADA EN URBANIZACIÓN , GILENA (SEVILLA)

Promotor:

CERTIFICACION Nº. 2

		CANTIDAD	IMPORTE	TOTAL
CAP. I TRAB. PREVIOS Y ACON. DEL TERRENO				
02AVV00002	m³ excavación en sótano	497,79	10,01	4.982,88
SUB002	m² preparación de cimentación	127,03	6,85	870,16
		total		5.853,03
CAP. II CIMENTACION				
LOS201	m² hormigón en losas	127,03	118,50	15.053,06
		total		15.053,06
CAP. III SANEAMIENTO				
48SAN008	m colector enterrado 110mm	9,00	26,73	240,57
48SAN014	u arqueta de bombeo con bomba	1,00	850,00	850,00
48SAN016	u arqueta de paso 40 x 40 cm	1,00	123,27	123,27
		total		1.213,84
CAP. IV ESTRUCTURAS				
05FUS00104	m² estructura de hormigón	66,20	75,10	4.971,62
	50 % de forjado 1: 66,20 m²			
05HHW00752	m² de muro de hormigón	132,60	116,50	15.447,90
	52 X 2,55 = 132,60 m²			
		total		20.419,52

Total de presupuesto a origen nº. 2	42.539,45
Certificación nº. 1	22.119,93
Certificación nº. 2	20.419,52
Retención del 5 %	1.020,98
Importe de certificación a origen	19.398,54

EL IMPORTE TOTAL A CERTIFICAR ES DE DIECINUEVE MIL TRESCIENTOS NOVENTA Y OCHO EUROS CON CINCUENTA Y CUATRO CENTIMOS DE EURO

El constructor   La dirección facultativa   El promotor

Sevilla a 10 de noviembre de 2018

Ejemplo de certificación

Aplicación práctica

Supongamos que estamos certificando una obra y que hasta el momento en la n.º 5 hemos certificado: acondicionamiento del terreno, cimentaciones, saneamiento y estructuras. Ahora tenemos que realizar la certificación n.º 6 del presupuesto que se adjunta relativa a la terminación de la cubierta. ¿Cómo lo realizaría si tenemos una retención del 5 % como garantía?

Acondicionamiento del terreno	898,36
Cimentaciones	6.168,68
Saneamiento	1.883,54
Estructuras	25.503,65
Albañilería	16.325,50
Cubiertas	2.893,67
Aislamientos	2.241,52
Revestimientos	52.738,57
Electricidad	11.536,41
Fontanería	7.336,22
Instalación de comunicaciones	1.658,28
Instalación de ventilación y climatización	8.020,79
Instalación contraincendios	3.381,61
Instalación de puesta a tierra	718,66
Instalación electro-mecánica	15.346,47
Carpintería de madera	6.252,84
Carpintería metálica	3.600,87
Vidrios y persianas	3.777,54
Cerrajería	3.802,35
Pinturas	4.568,01
Seguridad y salud	429,53
179.083,07	

Continúa en página siguiente >>

<< Viene de página anterior

SOLUCIÓN

Lo que certifico anteriormente serían 34.454,23 €. Según la tabla adjunta.

Acondicionamiento del terreno	898,36
Cimentaciones	6.168,68
Saneamiento	1.883,54
Estructuras	25.503,65
Total	**34.454,23**

Ahora tendremos que certificar 2.893,67 € de la cubierta.

Cubiertas	2.893,67

Por tanto se certificaría:

Certificación A origen	37.347,90
Certificación C5	34.454,23
Certificación A origen-C5	2.893,67
Retención 5 %	144,68
IVA 21 %	577,29
Total certificación C6	**3.470,96**

3. Criterios y unidades de medición. Unidades y partidas de obra. Cuadros de precios

En este epígrafe, analizaremos las diferentes unidades de medición y su utilización en las unidades de obra. Sabremos qué unidad de medición (m, m^2, m^3, etc.) debemos aplicar a cada unidad de obra. Otro aspecto importante a tratar serán los criterios de medición, es decir, las formas de medir que utilizaremos para cada unidad de obra.

3.1. Criterios de medición

Según la partida de obra que tengamos que medir, deberemos adoptar la forma de medir adecuada. A este hecho se le denomina *criterio de medición.*

 Nota

El criterio de medición aclara cómo se deben medir y posteriormente certificar las unidades de obra.

Pasamos a enumerar los diferentes criterios de medición utilizados en las unidades de obra de albañilería:

- **Medición deduciendo huecos.** Con ello se indica que se descontarán todos los huecos, cualquiera que sea su superficie, a cuyos efectos se considerarán las dimensiones de los huecos de fábricas terminados, para facilitar así los procesos de medición y las transferencias correspondientes a la hora de medir la carpintería. Este criterio implicará que se midan como partidas independientes: la formación de dinteles, la formación de mochetas y los recibidos de cercos o precercos, según se trate, de todos los huecos que dispongan de tales elementos.

- **Medición a cinta corrida.** Se utiliza esta expresión cuando se miden las paredes como si no existieran huecos; por lo que no se medirán, en caso de existir, los elementos citados al final del apartado anterior en compensación de medir hueco por macizo.

- **Medición en proyección horizontal de fuera a fuera.** La expresión indicada presupone la medición de los distintos planos horizontales, obtenidos mediante la proyección de los puntos delimitadores de la cubierta, tomando las cotas de cara exterior a cara exterior de elementos tales como hastiales, aun cuando no formen parte de las formaciones de pendientes y hayan de considerarse como objeto de partidas independientes.

- **Medido en verdadera magnitud por el intradós.** Se medirá el desarrollo real del arco o bóveda según se trate, por el intradós, partiendo de los arranques.

- **Medido según la arista de intersección entre huella y tabica.** Por cada peldaño se medirá la longitud correspondiente a dicha intersección.

- **Medida la longitud ejecutada.** Se medirá la longitud efectivamente realizada. En el caso de dinteles o cargaderos corresponderá al ancho del hueco, más las entregas en los apoyos.

- **Medido según la luz libre del hueco.** La medición se realizará considerando el ancho del hueco de fábrica.

- **Medido según la altura libre del hueco.** Medición, por cada mocheta de hueco de la altura del mismo, según la medición de carpintería.

- **Medido según medición de carpintería.** Se medirá la superficie que resulte de tomar las dimensiones de fuera a fuera del cerco, de la carpintería a recibir.

- **Medido en verdadera magnitud.** Se medirá según las dimensiones de los planos horizontales o inclinados que resulten, siguiendo las líneas de máxima pendiente y deduciendo todos los huecos.

- **Medida la superficie ejecutada.** Se hará la medición de la superficie realmente ejecutada, según plano, lo que implica deducir todos los huecos o zonas no ejecutadas.

Aplicación práctica

Se tiene que certificar el trabajo realizado en la tabiquería de la vivienda, se define en la partida que el criterio de medición es "a cinta corrida" ¿qué significa?

SOLUCIÓN

Se certifica el trabajo realizado midiendo los tabiques sin deducir los huecos de las puertas en compensación por la colocación de los precercos de las puertas.

3.2. Unidades de medición

Para elegir la unidad de medida idónea, es necesario manejar las ventajas e inconvenientes que proporciona cada alternativa en la medición sobre plano, en la medición en obra y en la elaboración de los precios unitarios. Para cada concepto se debe utilizar la unidad de medida más adecuada a las características geométricas o físicas del elemento.

En la siguiente tabla, exponemos algunos ejemplos:

Unidad	Nomenclatura
Metro	m
Centímetro cuadrado	cm^2
Metro cuadrado	m^2
Metro cúbico	m^3
Kilogramo	kg
Unidad	ud
...	...

De acuerdo con los criterios establecidos por las Bases de Datos de la Construcción, la nomenclatura aplicable a las unidades de medida de uso más frecuente para el desarrollo de los presupuestos en la edificación es la siguiente:

Concepto	Unidad
Precios básicos	
Ladrillos	mu; u
Tejas	u
Azulejos y baldosas	m^2
Pinturas	kg
...	
Precios auxiliares	
Morteros y hormigones	m^3
Cuadrilas	h
...	
Precios unitarios	
Fábricas	m^2
Fábricas de espesor mayor de 1 1/2 pies	m^3
Carpinterías	m^2; u

3.3. Unidades y partidas de obra. Cuadros de precios

Las unidades y partidas de obra son las partes en que dividimos la obra para realizar la medición y el presupuesto.

Las unidades de obra se definen en los precios unitarios. A su vez, los precios unitarios se subdividen en funcionales (PUF), complejos (PUC) y simples (PUS). Las unidades de obra pueden participar directamente en el presupuesto ya que deben corresponder a actividades claramente identificables y separadas *(ej.: m^2 de muro de 1 pie de ladrillo perforado para revestir).*

En el cuadro de precios que mostramos a continuación, se desarrolla de forma sintética la nomenclatura adoptada para representar las distintas clases de precios, que, siguiendo una estructura arborescente jerarquizada, empezando por el nivel inferior, queda como sigue:

PSU	Precio de Suministro
PB	Precio Básico
PBD	Precio Básico Descompuesto
PA	Precio Auxiliar
PAD	Precio Auxiliar Descompuesto
PU	Precio Unitario
PUS	Precio Unitario Simple
PUSD	Precio Unitario Simple Descompuesto
PUSA	Precio Unitario Simple Auxiliar
PUSAD	Precio Unitario Simple Auxiliar Descompuesto
PUC	Precio Unitario Complejo
PUCD	Precio Unitario Complejo Descompuesto
PUCA	Precio Unitario Complejo Auxiliar
PUCAD	Precio Unitario Complejo Auxiliar Descompuesto
PUF	Precio Unitario Funcional
PUFD	Precio Unitario Funcional Descompuesto
PUFA	Precio Unitario Funcional Auxiliar
PUFAD	Precio Unitario Funcional Auxiliar Descompuesto

En los dos capítulos posteriores se definirán estos conceptos y se enumerarán ejemplos explicativos.

4. Precios simples: materiales, transportes, jornales, maquinaria, energía y seguridad

En este epígrafe se tratará de explicar cómo se realizan los precios simples de los materiales, de la mano de obra y de la maquinaria, que al unirlos formarán los precios de las unidades de obra.

La primera división básica de los precios simples es separarlos en precios de la mano de obra, en precios de los materiales y en precios de la maquinaria, pero a cada una de estas divisiones se le añaden otros conceptos; a la maquinaria se le añade la energía necesaria; a los materiales o suministros, los transportes; y a la mano de obra, la seguridad.

 Recuerde

Las unidades de obra se definen en los precios unitarios. A su vez, los precios unitarios se subdividen en funcionales (PUF), complejos (PUC) y simples (PUS).

4.1. Precios simples. Clases de precios

El coste total de una obra está constituido por todos los costes generados a lo largo de su proceso de construcción, sin que se repita ningún coste.

El precio simple o básico es el coste de un material, de la mano de obra o de una maquinaria, pero este coste puede variar dependiendo de la manera en que es adquirido. Ejemplo de precios simples:

- H. Oficial 1.ª: 17,93 €/h.
- H. Retroexcavadora: 34,98 €/h.
- Ud. Rasillón cerámico 100 x 25 x 4 cm: 0,84 €/ud.

Para saber cómo se forja cada coste generado en una obra necesitamos un método general cuyo objetivo es facilitar la descripción y el cálculo de todas las clases de precios existentes para todo el proceso constructivo. A continuación, estableceremos las distintas clases de precios:

1. Precios de factores: son los materiales, la maquinaria y la mano de obra.

    a. Precios de Suministro
    b. Precios Básicos

2. Precios Unitarios:

    a. Precios Unitarios Simples
    b. Precios Unitarios Complejos
    c. Precios Unitarios Funcionales

3. Precios Auxiliares

    a. Precio Auxiliar
    b. Precios Unitarios Simples Auxiliares
    c. Precios Unitarios Complejos Auxiliares
    d. Precios Unitarios Funcionales Auxiliares

A lo largo de este epígrafe solo se verá el punto 1: Precios de factores: los materiales, la maquinaria y la mano de obra.

4.2. Precios de Suministro

Precios de Suministro de los Materiales y Transportes

El precio de suministro es el coste por unidad de un elemento básico de acuerdo con las condiciones de compra. Es decir, en el precio de suministro está incluido el precio en origen, la carga, el transporte, la descarga y las pérdidas por rotura.

 Recuerde

El precio simple o básico es el coste de un material, de la mano de obra o de una maquinaria, pero este coste puede variar dependiendo de la manera en que es adquirido.

El precio de origen es el precio del producto en su lugar de suministro de acuerdo con las condiciones de compra entre el suministrador y el constructor. Las condiciones de compra suelen ser:

- Puesto en fábrica:

  - Los materiales se suministran en el lugar de acopio de la fábrica o almacén intermediario. En este caso el constructor asume los gastos de carga, transporte, descarga y roturas.

- Puesto sobre camión en fábrica:

  - Los materiales se suministran en el lugar de acopio de la fábrica o almacén intermediario cargados sobre camión. Aquí el constructor asume los gastos de transporte, descarga y solo las roturas del transporte y descarga, ya que las roturas de carga están incluidas en el precio de suministro.

- Puesto sobre camión en obra:

  - Los materiales se suministran en la obra, puestos sobre camión. En este caso el constructor asume los gastos de descarga y roturas en la descarga y las roturas de carga y transporte están incluidas en el precio de suministro.

- Puesto en obra y descargado:

  - Los materiales se suministran en la obra, descargado en el lugar de acopio que les corresponda. Aquí el constructor no soporta ningún coste producido por las pérdidas de carga, transporte y descarga, ya que está todo incluido en el precio de suministro.

Las pérdidas serán tratadas como mayor consumo de recursos, las que se produzcan hasta el momento en que los materiales queden acopiados en la obra, serán consideradas en los precios básicos. Las que se generen durante los procesos de producción, desde que los materiales son acopiados hasta que se integren en las unidades de obra, se aplicarán en los precios unitarios simples. En resumen, las pérdidas serán tratadas dentro del nivel de las estructuras de costes en que se produzcan.

Recuerde

El precio de origen es el precio del producto en su lugar de suministro de acuerdo con las condiciones de compra entre el suministrador y el constructor.

Ejemplo

Para determinar los cuatro posibles precios de suministro de 100 mu ladrillos con los siguientes datos (1 mu = 1.000 ladrillos) hay que realizar varios cálculos:

∎ Precio millar de ladrillos puesto en fábrica:	120,00 €/mu
∎ Coste de la carga en fábrica:	10,00 €/mu
∎ Coste del transporte a obra:	35,00 €/mu
∎ Coste de la descarga en obra:	12,00 €/mu
∎ Coste de las pérdidas durante la carga:	1,20 €/mu
∎ Coste de las pérdidas durante el transporte:	3,60 €/mu
∎ Coste de las pérdidas durante la descarga:	2,40 €/mu

Los cálculos serían los siguientes:

∎ Puesto en fábrica: 100 x 120,00 = 12.000,00 € = 120,00 €/mu = 0,12 €/ud.
∎ Puesto sobre camión en fábrica: 100 x (120,00 + 10,00 + 1,20) = 13.120,00 € =
   = 131,20 €/mu = 0,13 €/ud.
∎ Puesto sobre camión en obra: 100 x (131,20 + 35,00 + 3,60) = 16.980,00 € =
   = 169,80 €/mu = 0,17 €/ud.
∎ Puesto en obra y descargado: 100 x (169,80 + 12,00 + 2,40) = 18.420,00 € =
   = 184,20 €/mu = 0,18 €/ud.

Precios de Suministro de la Maquinaria y Energía

En los procesos de producción se utiliza una gran variedad de maquinaria para las distintas fases de la obra, teniendo esta una gran repercusión en el precio de las unidades de obra, ya que tiene un papel muy importante en los tiempos de ejecución.

Desde el punto de vista de la participación de la maquinaria en los costes de producción, la podemos clasificar en:

- Maquinaria de producción directa:

  - Máquinas especializadas que participan directamente de forma específica en la ejecución de unidades de obra concretas. Estas máquinas se caracterizan porque solo permanecen en la obra mientras se ejecutan las unidades para las que son precisas. (Ej.: Retroexcavadoras).
  - El coste que genera la máquina será imputado directamente como un componente más dentro de los costes directos de ejecución, como la energía necesaria para su utilización (ej.: gasolina para un camión, o energía eléctrica para una cortadora cerámica).

- Maquinaria de utilización múltiple:

  - Máquinas con capacidad para participar indistintamente en la ejecución de diversas unidades de obra. A diferencia de las de producción directa, estas máquinas suelen permanecer en la obra de forma continuada durante largos periodos de tiempo. (Ej.: Grúas torre).
  - El coste que genera la máquina será imputado proporcionalmente como un componente más dentro de los costes indirectos de ejecución a todas las unidades del proyecto en las que intervenga.

Precios de suministro de la maquinaria

El precio de suministro de la maquinaria se establece de acuerdo con las condiciones de compra, alquiler o subcontrata entre el suministrador y el constructor. El precio de la maquinaria se expresa en euros por hora

(€/h). En este sentido se dan las siguientes posibilidades a la hora de calcular el precio por hora de la maquinaria:

▪ Alquiler:

  ▪ El constructor alquila la maquinaria a otro empresario que actúa de arrendador. En este caso el constructor asume los costes de alquiler, operario y gastos que origine la maquinaria durante su utilización.
  ▪ Su unidad de medida se expresa en euros por hora (€/h).

▪ Compra:

  ▪ El constructor adquiere la máquina a un proveedor. Aquí el contratista asume otro tipo de gastos asociados con la compra, el uso y el mantenimiento (amortización, seguros, reparaciones, mantenimiento, conductor, etc.).
  ▪ Su unidad de medida se expresa en euros por hora (€/h).

▪ Subcontrata:

  ▪ El constructor subcontrata a otro empresario la realización del trabajo con la maquinaria de este. En este sentido, es el subcontratado el que soporta los gastos mencionados anteriormente, que a su vez irá implícito en el precio pactado con el constructor.
  ▪ Su unidad de medida se expresa en euros por unidad de medida (€/m³, €/m², €/kg...).

 Recuerde

El precio de la maquinaria se expresa en euros por hora (€/h).

 **Ejemplo**

Para determinar el precio de suministro de una máquina, mediante alquiler, para diversas condiciones de suministro se presentan los siguientes datos:

▌ Precio alquiler máquina en parque:	200,00 €/h
▌ Coste del transporte a obra:	5,00 €/h
▌ Coste de las pólizas de seguros:	20,00 €/h
▌ Coste del combustible:	30,00 €/h
▌ Coste del operario:	100,00 €/h

Los cálculos que realizar serían:

▌ Puesto en parque: 200,00 = 200,00 €/h
▌ Puesto en obra: 200,00 + 5,00 = 205,00 €/h
▌ Puesto en obra con seguro y operario: 205,00 + 20,00 +100,00 = 325,00 €/h
▌ Puesto en obra con seguro, operario y combustible: 325,00 + 30,00 = 355,00 €/h

---

Precios de Suministro de la Mano de Obra (Jornales) y de la Seguridad

La mano de obra en la ejecución de edificaciones es el recurso más significativo junto con los materiales, respecto al coste. Tiene funciones múltiples y variadas tales como la ejecución de los trabajos propios de la obra como los de planificación, organización y control.

La mano de obra se estructura de la siguiente manera:

■ Costes directos de ejecución

▌ Mano de obra directa

▌ Oficiales 1.ª
▌ Oficiales 2.ª
▌ Peones
▌ Etc.

■ Costes indirectos de ejecución

  ▌ Mano de obra indirecta

    ▮ Encargados
    ▮ Capataces
    ▮ Almaceneros
    ▮ Guardas
    ▮ Etc.

  ▌ Mano de obra auxiliar

    ▮ Personal transporte interno material
    ▮ Personal de limpieza
    ▮ Personal de recogida de herramientas
    ▮ Etc.

  ▌ Personal

    ▮ Técnicos
    ▮ Administrativos
    ▮ Otros

  ▌ Generados por Seguridad y Salud

    ▮ Medicina preventiva
    ▮ Formación específica
    ▮ Personal de seguridad
    ▮ Protecciones colectivas e individuales

 Recuerde

A la hora de adquirir maquinaria para la obra, hay tres posibilidades: alquiler, compra o subcontrata (dependiendo de la opción elegida los costes serán distintos).

Generalmente, los precios de la mano de obra se calculan aplicando los convenios colectivos de los distintos oficios, dependiendo de la categoría a la que pertenece el trabajador. No obstante, la mano de obra se contrata mediante un acuerdo entre el empresario y el trabajador, y en los últimos años se está generalizando subcontratar trabajadores de otra empresa dedicada exclusivamente a un servicio.

Cuando la mano de obra es contratada mediante acuerdo entre trabajador y empresario, se trata de contratos laborales regulados por la ley de presupuestos (salario base y cotizaciones a la Seguridad Social), los colectivos provinciales (pagas extraordinarias, plus, vacaciones, permisos, etc.) y la situación del mercado laboral (primas, destajos, etc.).

Precios de suministro de la mano de obra

Dependiendo del tipo de contrato, ya sea por acuerdo o por subcontratación a otra empresa, tendremos dos alternativas:

▮ Contrato laboral:

  ▮ En el precio deberán estar incluidas todas las prestaciones económicas que reciba el trabajador por la realización del trabajo.

   ▹ Salario base
   ▹ Conceptos de cotización
   ▹ Conceptos no sujetos a cotización
   ▹ Dietas y desplazamientos
   ▹ Primas, destajos, gratificaciones, etc.

  ▮ Unidad de medida: €/h, €/m^2 (con destajos).

▮ Subcontratación:

  ▮ Aquí es el subcontratista el que tendrá que realizar contratos laborales. El constructor solo pacta el precio por tiempo o por trabajo.
  ▮ Unidad de medida: €/h, €/m^2 (con destajos).

Importante

Hay dos posibilidades a la hora de contar con mano de obra: contrato laboral o subcontratación.

Ejemplo

Para determinar el precio de suministro de un trabajador con contrato laboral puro, que realiza tareas de enfoscado, para diversas condiciones de suministro se presentan los siguientes datos:

- Salario base: 12,00 €/h
- Otros conceptos sujetos a cotización: 3,00 €/h
- Conceptos no sujetos a cotización: 4,00 €/h
- Gratificación voluntaria coyuntural: 1,50 €/h
- Destajo del enfoscado: 6,00 €/m^2

Los cálculos que realizar serían:

- Trabajo a jornal: $12,00 + 3,00 + 4,00 = 19,00$ €/h
- Trabajo a jornal con gratificación voluntaria coyuntural: $19,00 + 1,50 = 20,50$ €/h

	Código PS	Nc	Infor	UD	Resumen PRECIOS DE SUMINISTRO	CAnPres 1	PrPres
1	P01AA020		Sh	m³	Arena de río 0/6 mm.		16,80
2	P01AG130		h	m³	Grava 40/80 mm.		22,00
3	P01CC015		h	t.	Cemento CEM II/A-L 32,5 N sacos		88,57
4	P01CY030		Sh	t.	Yeso blanco en sacos YF		67,00
5	P01MC005		h	m³	Mortero cem. gris II/B-M 32,5 M-20/CEM		76,04
6	P01BG070		h	ud	Bloque hormigón gris 40x20x20		0,71

Continúa en página siguiente >>

<< Viene de página anterior

	Código PS	Nc	Infor	UD	Resumen PRECIOS DE SUMINISTRO	CAnPres 1	PrPres
7	P01BT030			ud	Bloque termoarcilla Ceratres 30x19x24		0,65
8	P01LH025		h	mud	Ladrillo hueco doble 24x11,5x9 cm.		94,30
9	P01LT010		h	mud	Ladrillo perforado tosco 24x11,5x10 cm.		129,20
10	P01LG160		h	ud	Rasillón cerámico m-h 100x25x4 cm		0,85
11	P02TV0020		h	m.	Tub. PVC liso J.elástica SN2 D=200 mm		9,04
12	P03AC040		h	kg	Acero corrugado B 400 S 12mm		0,63
13	P03BC070		h	ud	Bovedilla cerámica 70x25x25		1,07
14	P03VS015			m.	Semivig. h.pret.12cm. 4,30a4,80m.(20kg/ml)		3,14
15	P05TC010		h	ud	Teja curva roja 40x19		0,40
16	P08AB030		h	m²	Mármol blanco macael 60x40x2 cm.		25,30
17	P09ABV120		h	m²	Azulejo porcelánico 20x20 cm. rústico verde		25,79
18	0010A030		S	h.	Oficial primera		16,76
19	0010A040			h.	Oficial segunda		15,76
20	0010A070		Sh	h.	Peón ordinario		14,55

Ejemplos de precios de suministro

4.3. Precios Básicos

Los precios básicos se definen como el coste por unidad de un elemento básico situado en la obra en condiciones de ser aplicado para la ejecución de algún determinado elemento constructivo.

Para el cálculo de los precios básicos utilizaremos la siguiente fórmula matemática:

$$PBm = PSUm + \Sigma s\ Tis + \Sigma s\ Ris + \Sigma s\ Wis$$

Donde:

- PBm = Precio Básico del Material.
- PSUm = Precio de Suministro del Material.
- Tis = Transportes.
- Ris = Roturas y Pérdidas.
- Wis = Mano de Obra Complementaria.

Ejemplos de precios básicos descompuestos:

FI00001	mu			Ladrillo hueco sencillo de 4 cm paletizado	
	Medidos los mu útiles acopiados				
Código	**Concepto**	**Cantidad**		**Precio**	**Importe**
TP0001	H peón ordinario	0,256		10,00 €	2,56 €
PSU1	mu Ladrillo h. sencillo	1,026		30,00 €	30,78 €
PSU2	u palé para 0.500 mu	0,205		1,50 €	0,31 €
PSu3	u porte de camión	0,103		180,00 €	18,54 €
			Costes directos		52,19 €

MK00001	h			Camión basculante de 20 t con caja estanca	
	Medidas las h efectivas trabajadas				
Código	**Concepto**	**Cantidad**		**Precio**	**Importe**
PSU1	Amortización camión	0,0005		12.000,00 €	6,00 €
PSU2	Amortización caja	0,0005		2.400,00 €	1,20 €
PSU3	Interés préstamo	0,0005		9.000,00 €	4,50 €
PSU4	Costes oportunidad	0,0005		1.200,00 €	0,60 €
PSU5	Pólizas seguros	0,0005		3.600,00 €	1,80 €
PSU6	Repara/Conserva	0,0005		1.200,00 €	0,60 €
PSU7	Combustible	0,0005		3.000,00 €	1,50 €
TO00001	Conductor	0,0005		18.000,00 €	9,00 €
			Costes Directos		25,20 €

5. Precios auxiliares, unitarios, descompuestos y partidas alzadas

Con la combinación de los precios simples, se realizan los precios auxiliares, unitarios y los descompuestos. Este epígrafe nos ayudará a saber cómo hacerlos y cómo distinguirlos. Todo esto es clave para que os resulte más fácil la realización de los precios de las diferentes unidades de obra.

En otro orden de cosas, haremos referencia a las partidas alzadas en las obras, hecho común en obras en las que quedan unidades de obra por definir en el proyecto o en las que salen, durante la obra, partidas nuevas.

5.1. Precios auxiliares

Se define como precio auxiliar al coste por unidad de combinaciones de elementos básicos/auxiliares en proporciones constantes, que intervienen como componentes en el cálculo de unidades de obra.

Los precios auxiliares son precios de elementos que se repiten en distintas partidas de la obra, por tanto un precio auxiliar puede ser utilizado indistintamente, variando solo la cantidad utilizada.

 Recuerde

Con la combinación de los precios simples, se realizan los precios auxiliares, unitarios y los descompuestos.

Por ejemplo, cuando se utiliza un mortero realizado en obra, el mismo mortero se puede utilizar tanto para levantar un muro de fábrica de ladrillos perforados como para ejecutar una citara de ladrillo hueco doble, y en este sentido es lógico pensar que en el muro se empleará más mortero que en la citara, ya que solo varía la cantidad utilizada por metro cuadrado, pero su precio por metro cuadrado es el mismo.

A continuación, vemos algunos de los precios auxiliares más utilizados, que generalmente se refieren a morteros, pastas y hormigones en el caso de los materiales y a cuadrillas de oficios respecto a la mano de obra.

CÓDIGO	CANTIDAD	UD	RESUMEN	PRECIO	SUBTOTAL	IMPORTE
CAPÍTULO PARA PRECIOS AUXILIARES						
A02A080		m³	**MORTERO CEMENTO M-5**			
			Mortero de cemento CEM II/ B-P 32,5 N y arena de río de tipo M-5 para uso sorriente (G), con resistencia a compresión a 28 días de 5,0 N/mm², confeccionado con hormigonera de 200 l., s/ RC-03 y UNE-EN-998-1:2004.			
0010A070	1,700	h	Peón ordinario	14,55	24,74	
P01CC020	0,270	t	Cemento CEM II/B-P 32,5 N sacos	98,19	26,51	
P01AA020	1,090	m³	Arena de río 0/6 mm	16,80	18,31	
P01DW050	0,255	m³	Agua obra	1,11	0,28	
M03HH020	0,400	h	Hormigonera 200 l gasolina	2,70	1.08	
			Sin descomposición			
			Materiales_____			70,92
			TOTALPARTIDA_____			70,92
A01A040		m³	**PASTA DE YESO BLANCO**			
			Pasta de yeso blanco amasado manualmente, s/RY-85			
0010A70	2,500	h	Peón ordinario	14,56	36,38	
P01CY030	0,810	t	YEso blanco en sacos YF	67,00	54,27	
P01DW050	0,650	m³	Agua obra	1,11	0,72	
			Sin descomposición			
			Materiales_____			91,37
			TOTALPARTIDA_____			91,37

CÓDIGO	CANTIDAD	UD	RESUMEN	PRECIO	SUBTOTAL	IMPORTE
CAPÍTULO PA1 PRECIOS AUXILIARES						
A02A080		m³	**LECHADA CEM. BLANCO BL-IVA-L 42,5 R** lechada de cemento blanco BL-IVA-L 42,4 R, amadado a mano, s/RC-03.			
0010A070	2,000	h	Peón ordinario	14,55	29,10	
P01CC140	0,500	t	Cemento blanco BL-II/A-L 42,5 R sacos	188,00	94,00	
P01DW050	0,900	m³	Agua obra	1,11	1,00	
			Sin descomposición			
			Materiales_____			124,10
			TOTALPARTIDA_____			124,10
A01A040		m³	**HORMIGÓN CELULAR CEM II/B-P 32,5N** Hormigón celular de cemento espumado para formación de pendientes y aislamiento térmico de cubiertas y azoteas; a base de cemento CEM II/B-P 32,5 N, agua y adición de aditivo o aislante.			
0010A030	1,300	h	Oficial primera	16,76	21,79	
0010A070	1,300	h	Peón ordinario	14,55	18,92	
M01HE010	0,300	h	Bomb. hom. estacionaria 10-22 m3/h	20,13	6,04	
P01CC020	0,300	t	Cemento CEM II/b-P 32,5 N sacos	98,19	29,46	
P01DS040	3,000	kg	Aditivo o aislante	1,03	3,09	
P01DW050	0,400	m³	Agua obra	1,11	0,44	
			Sin descomposición			
			Materiales_____			79,74
			TOTALPARTIDA_____			79,74

5.2. Precios unitarios y descompuestos

El precio unitario se define como el coste por unidad de un elemento constructivo formado por una combinación de elementos básicos o auxiliares que configuran una unidad de obra y que es realizado por un mismo grupo de especialistas.

Se puede decir que el presupuesto de ejecución material (PEM) de una obra está compuesto por una serie de precios unitarios por cada capítulo de la obra.

Para saber cómo se ha obtenido el precio unitario tenemos que utilizar su descompuesto, que es una combinación de precios de suministro, precios básicos y precios auxiliares, de los que, conjuntamente y con la cantidad correspondiente de cada uno de ellos, se obtiene el precio unitario.

Nota

En el PEM solo aparece el epígrafe con la descripción de los trabajos a realizar y su precio en euros por ud., m², m³, etc.

CÓDIGO	RESUMEN	UDS LONGITUD ANCHURA ALTURA PARCIALES	CANTIDAD	PRECIO	IMPORTE
	CAPÍTULO 04 PRECIOS UNITARIOS				
04.01	m² FÁB.LADR.1P.HUECO DOBLE 8cm. MORTY.M-5				
	Fábrica de ladrillo hueco doble 24x11,5x8 cm., pie de espesor recibido con mortero de cemento CEM II/B-P 32,5 N y arena de tipo M-5, preparado en central y suministrado a pie de obra, para revestir, i/ replanteo, nivelación y aplomado, rejuntado, limpieza y medios auxiliares. Según UNE-EN-998-1:2004, RC-03, NTE-PL, RL-88 Y CTE-SE-F, medido a cinta corrida.				
			0,00	36,86	0,00
04.02	m² FÁBRICA 1 PIE LADRILLO MACIZO C/V				
	Fábrica de un pie de espesor, con ladrillo macizo de 24x11,5x5 cm, a cara vista, recibido con mortero de cemento M5 (1:6), con plastificante, incluso avitolado de juntas, construida según CTE/DB-SE_F. Medida deduciendo huecos.				
			0,00	68,28	0,00
04.03	m² CITARA LADRILLO H/D 9 CM				
	Citara de ladrillo cerámico huecodoble de 24x11,5x9 cm, recibido con mortero M-5 (1:6) con plastificante; contruida según CTE/DB-SE_F. Medida deduciendo huecos.				
			0,00	15,25	0,00
04.04	m² FÁBRICA 1 PIE L/PREF. TALADRO PEQUEÑO				
	Fábrica de un pie de espesor con ladrillo perforado de 24x11,5x5 cm taladro pequeño, para revestir, recibido con mortero de cemento M-5 (1:6) con plastificante; contruida según CTE/DB-SE_F. Medida deduciendo huecos.				
			0,00	32,86	0,00
04.05	m² FALDÓN DE TEJAS CURVAS DE CERÁMICA PRIMERA CALIDAD				
	Faldón de tejas curvas de cerámica de primera calidad colocadas por hiladas paralelas al alero, con solapes no inferiores a 1/3 de la longitud de la teja, asentadas sobre barro enriquecido con cal grasa, incluso p.p. de recibido de una cada cinco hiladas perpendiculares al alero con mortero M2,5 (1:8). Medido en verdadera magnitud deduciendo huecos mayores de 1m2.				
			0,00	34,38	0,00
04.06	m² FÁBRICA 20CM ESP. CON BLOQUE HUECO DE HORMIGÓN				
	Fábrica de 20 cm de espesor, con bloque hueco de hormigón de 40x20x20 cm, para revestir, recibido con mortero M 5 de cemento CEM IV/A-L 32,5 N, con plastificante, construida según CTE/DB-SE_F. Medida deduciendo huecos.				
			0,00	23,12	0,00

Precios unitarios con su descompuesto:

CÓDIGO	CANTIDAD	UD	RESUMEN	PRECIO	SUBTOTAL	IMPORTE
CAPÍTULO PU PRECIOS UNITARIOS						
E07LD020		m²	**FÁB.LADR.1P.HUECO DOBLE 8cm. MORTY.M-5** Fábrica de ladrillo hueco doble 24x11,5x8 cm., pie de espesor recibido con mortero de cemento CEM II/B-P 32,5 N y arena de tipo M-5, preparado en central y suministrado a pie de obra, para revestir, i/replanteo, nivelación y aplomado, rejuntado, limpieza y medios auxiliares. Según UNE-EN-998-1:2004, RC-03, NTE-PL, RL-88 Y CTE-SE-F, medido a cinta corrida.			
0010A030	0,800	H		16,76	13,41	
0010A050	0,800	H		15,21	12,17	
P01LH020	0,094	mud		88,90	8,36	
P01MC040	0,046	m³		63,58	2,92	
			Sin descomposición			
			TOTAL PARTIDA			36,86
06LMM00101		m2	**FÁBRICA 1 PIE LADRILLO MACIZO C/V** Fábrica de un pie de espesor, con ladrillo macizo de 24x11,5x5 cm, a cara vista, recibido con mortero de cemento M5 (1:6), con plastificante, incluso avitolado de juntas, construida según CTE/DB-SE_F. Medida deduciendo huecos.			
T00100	1,080	h		17,93	19,36	
TP00100	0,540	h		17,00	9,18	
FL00700	0,140	mu		267,30	37,42	
AGM00800	0,046	m³		50,35	2,32	
			Sin descomposición			
			TOTAL PARTIDA			68,28
06LHC00D03		m²	**CITARA LADRILLO H/D 9 CM** Citara de ladrillo cerámico huecodoble de 24x11,5x9 cm, recibido con mortero M-5 (1:6) con plastificante; contruida según CTE/DB-SE_F. Medida deduciendo huecos.			
T000100	0,400	h		17,93	7,17	
TP00100	0,200	h		17,00	3,40	
FL00300	0,045	mu		83,82	3,77	
AGM00800	0,018	m³		50,35	0,91	
			Sin descomposición			
			TOTAL PARTIDA			15,25

5.3. Partidas alzadas

La partida alzada suele utilizarse cuando la unidad de obra que representa es difícil de cuantificar a nivel de proyecto. Su precio se fija en una cifra arbitraria, ya que no se justifica ni el precio unitario mediante su descomposición en básicos, ni la cantidad con el detalle de sus líneas. Las partidas alzadas figuran en la oferta con el precio fijo. Hay dos tipos:

- Partidas alzadas de abono íntegro: una vez ejecutadas, serán certificadas por el precio que figura en la oferta, sin alternativas posibles.
- Partidas alzadas a justificar: se ofertan así porque en el momento de presupuestar no se sabe cómo se ejecutarán. Suelen usarse para presupuestar piezas complejas del edificio.

Recuerde

La partida alzada suele utilizarse cuando la unidad de obra que representa es difícil de cuantificar a nivel de proyecto.

6. Costes directos, indirectos, gastos generales, beneficio industrial e impuestos

A la hora de la realización del presupuesto, tenemos que analizar los diferentes costes que intervienen en un precio. Estos costes pueden ser directos e indirectos. Además, en los presupuestos intervienen otros conceptos como los gastos generales, el beneficio industrial y los impuestos. La suma de todos estos conceptos compondrá el precio final de la obra.

6.1. Costes Directos

Se consideran costes directos todos los costes de ejecución que se integran en la estructura mediante la aplicación del precio de un componente según la cantidad con la que este participe. Los costes directos se agrupan en cuatro categorías:

- Mano de obra
- Materiales
- Maquinaria
- Medios auxiliares

La mano de obra, con sus pluses, cargas y seguros sociales que intervienen directamente en la ejecución de la unidad de obra.

Los materiales que quedan integrados en la unidad de obra o que sean necesarios para su ejecución.

Los gastos de personal, combustible, energía, etc., que tengan lugar por el funcionamiento de la maquinaria y de las instalaciones utilizadas en la ejecución de la unidad de obra.

Los gastos de amortización y conservación de la maquinaria e instalaciones del punto anterior.

Por otra parte, la repercusión del importe en concepto de pérdidas y roturas ocurridas durante el transporte interno y la realización de la mano de obra se incluirán como incremento de consumo de materiales en la especificación de las cantidades, reflejadas en la descomposición del precio.

Por último, también consideramos costes directos a aquellos de difícil cuantificación pero que participan en la estructura del coste. A estos los denominaremos *costes directos complementarios* e irán reflejados de forma porcentual o con una cantidad fija definida. Por ejemplo:

- Ud. Mano de obra complementaria.
- Material complementario o pequeño material.
- Ud. Maquinaria complementaria.

6.2. Costes Indirectos

Se consideran costes indirectos todos aquellos gastos de ejecución que no sean directamente imputables a unidades de obra concretas, sino al conjunto de la obra.

No se imputarán a costes indirectos la mano de obra, materiales, maquinaria, medios o instalaciones que formen parte o intervengan en la ejecución de unidades de obra determinadas, que deben figurar, siempre que sean claramente asignables, como costes directos.

Los gastos correspondientes se cifran en un porcentaje de los costes directos, igual para todas las unidades de obra, que se adoptará en cada caso a la vista de la naturaleza de cada obra, de la importancia del presupuesto y de su plazo de ejecución.

 Recuerde

A la hora de la realización del presupuesto, tenemos que analizar los diferentes costes (directos e indirectos) que intervienen en un precio. Además, intervienen otros conceptos: los gastos generales, el beneficio industrial y los impuestos. La suma de todos estos conceptos compondrá el precio final de la obra.

El conjunto de los gastos imputables a costes indirectos se estructura de la siguiente manera:

- Mano de obra indirecta:

  - Personal que no interviene de forma directa en la ejecución de las unidades de obra, realizando exclusivamente funciones de control, organización, distribución de tareas, vigilancia, etc.

  ▮ Encargados
  ▮ Capataces
  ▮ Guardas
  ▮ Etc.

■ Medios auxiliares indirectos:

  ▮ Conjunto de medios humanos, materiales, maquinaria e instalaciones que no intervienen directamente pero son necesarios para la ejecución.

    ▮ Mano de obra auxiliar: transporte interior, limpieza de obra, etc.
    ▮ Materiales auxiliares: yeso para fijación de reglas, yeso para replanteo, etc.
    ▮ Maquinaria, útiles y herramientas: grúas, dumpers, hormigonera, palas, reglas, etc.

■ Instalaciones y construcciones de obra:

  ▮ Son instalaciones y construcciones provisionales de obra.

    ▮ Red de abastecimiento de agua
    ▮ Tomas de corriente
    ▮ Canales de evacuación de escombros
    ▮ Almacenes
    ▮ Oficinas
    ▮ Talleres de obra

■ Personal técnico y administrativo:

  ▮ Técnicos que realizan funciones de jefe de obra y administrativos que lleven la contabilidad de la obra.

    ▮ Jefe de obra
    ▮ Contable

■ Varios:

▪ Gastos generados por la administración de la obra.

▪ Papel
▪ Fax
▪ Teléfono
▪ Etc.

■ Generados por seguridad e higiene:

▪ Estudio de seguridad e higiene
▪ Vestuarios
▪ Cascos, guantes
▪ Señalización
▪ Seguridad colectiva e individual
▪ Etc.

 Recuerde

Los costes directos se agrupan en cuatro categorías:

▪ Mano de obra
▪ Materiales
▪ Maquinaria
▪ Medios auxiliares

6.3. Gastos Generales

Son una serie de gastos que son necesarios para que la obra se pueda ejecutar. Son gastos propios de la empresa constructora que los tiene que asumir y dependen mucho del tipo de obra de que se trate. Los gastos generales se computan con un porcentaje del PEM, presupuesto de ejecución material, y normalmente oscilan entre un 13 % o un 17 %, dependiendo de la obra.

- Gastos generales de la obra:

  - Análisis y estudio del proyecto
  - Presupuestación
  - Seguros de obra
  - Licencias
  - Permisos
  - Carteles
  - Etc.

- Gastos generales de la empresa:

  - Gerencia
  - Dirección intermedia
  - Administración
  - Financieros
  - Etc.

6.4. Beneficio industrial

Los costes directos, los costes indirectos y los gastos generales sería lo que realmente cuesta una obra, pero a esto hay que añadirle el beneficio que obtiene el constructor por el trabajo realizado, por el capital que ha invertido y por los riesgos que asume en la construcción.

El beneficio industrial es el porcentaje que el contratista o empresario se marca como beneficio. En un presupuesto puede ir especificado, pero no es usual a no ser que se trate de una obra que pertenezca a la administración. Nominalmente ya está incluido en los precios de las diferentes partidas del presupuesto. El porcentaje de beneficio industrial suele oscilar en orden al 6 %.

 Importante

El beneficio industrial es el porcentaje que el contratista o empresario se marca como beneficio.

6.5. Impuestos (IVA)

El Impuesto sobre el Valor Añadido (IVA) es un impuesto que constituye la base del sistema español de imposición indirecta. Es un impuesto general sobre el consumo que recae sobre todos los bienes y servicios utilizados en España, cualquiera que sea su origen, nacional o extranjero.

El IVA es el último gasto que confecciona el precio final de ejecución de la obra. Actualmente el IVA soportado en las obras es del 21 %, el 10 % y el 4 % para obras protegidas.

RESUMEN DE PRESUPUESTO

Vivienda Unifamiliar En Pozuelo

CAPÍTULO	RESUMEN	EUROS	%
01	MOVIMIENTO DE TIERRAS	2.518,67	1,90
02	RED HORIZONTAL DE SANEAMIENTO	1.887,29	1,42
03	CIMENTACIONES	3.336,19	2,51
04	ESTRUCTURAS	28.641,79	21,57
05	CERRAMIENTO	14.119,17	10,63
06	PARTICIONES INTERIORES	9.170,05	6,90
07	CUBIERTAS	3.705,31	2,79
08	AISLAMIENTOS	5.775,96	4,35
09	IMPERMEABILIZACIONES	831,97	0,63
10	REVESTIMIENTOS	10.529,48	7,93
11	ALICATADOS Y CHAPADOS	1.533,25	1,15
12	PAVIMENTOS	12.837,74	9,67
13	CARPINTERÍA INTERIOR	6.080,19	4,58
14	CARPINTERÍA EXTERIOR	6.526,53	4,91
15	CARRAJERÍA	4.755,53	3,58
16	VIDRIERÍA	1.060,70	0,80
17	FALSOS TECHOS	595,68	0,45
18	PINTURAS	3.499,02	2,63
19	ELECTRICIDAD	4.648,02	3,50
20	FONTANERÍA	5.808,59	4,37
21	CALEFACCIÓN	4.945,07	3,72

	TOTAL EJECUCIÓN MATERIAL	132.806,15
13,00 % Gastos generales	17.264,80	
6,00 % Beneficio industrial	7.968,37	
	SUMA DE G.G. Y B.I.	25.233,17
21,00 % I.V.A.	33.188,26	
	TOTAL PRESUPUESTO CONTRATA	191.227,58
	TOTAL PRESUPUESTO GENERAL	191.227,58

Asciende el presupuesto general a la expresada cantidad de CIENTO NOVENTA Y UN MIL DOSCIENTOS VEINTISIETE EUROS con CINCUENTA Y OCHO CÉNTIMOS

a 01 de Noviembre de 2025

La propiedad   La dirección facultativa

Ejemplo de resumen de presupuesto donde aparecen reflejados todos los gastos de la obra

7. Presupuestos de ejecución, contratación y licitación

En este capítulo explicaremos los diferentes tipos de presupuesto que se pueden dar en una obra.

En un primer lugar, deberemos distinguir tres clases de presupuestos:

1. *Presupuesto de proyecto.* Representa la estimación realizada por el autor del proyecto del coste esperado para la ejecución de la obra proyectada. Suele responder a unos módulos por metro cuadrado construido impuestos por los colegios profesionales.
2. *Presupuesto de licitación.* Presupuesto que se utiliza como referencia para emitir las ofertas durante el proceso de licitación. Suele coincidir con el presupuesto del proyecto.
3. *Presupuesto de adjudicación.* Se denomina así al presupuesto correspondiente a la oferta de la empresa adjudicataria en el proceso de licitación.

También habría que distinguir los niveles de presupuestos que se dan en una obra y que son:

- **Presupuesto de ejecución material:** Representa el coste esperado de ejecución de una obra, por lo que recoge todos los costes que se generan en la obra durante el proceso de ejecución.
- **Presupuesto de contrata antes de impuestos.** Resulta de añadir al presupuesto de ejecución material los costes indirectos generales y el beneficio industrial, por lo que representa una estimación del coste total de la obra para el promotor sin incluir impuestos.
  Se consideran costes indirectos de ejecución todos aquellos gastos de ejecución que no sean directamente imputables a unidades concretas sino al conjunto o parte de la obra, y que resultan de difícil asignación a determinadas unidades de obras de forma directa.
  Los gastos originados por los conceptos integrantes de los costes indirectos se cifran en un porcentaje de los costes directos igual para todas las unidades, tanto de obra como de Seguridad y Salud, cuando esta sea objeto de presupuesto independiente.

■ **Presupuesto de contrata después de impuestos.** Resulta de añadir al presupuesto de contrata antes de impuestos el impuesto sobre el valor añadido (IVA) vigente para el tipo de obra que tengamos, por lo que se representa una estimación total del importe que habría de cobrar el contratista por la realización de la obra.

 Nota

En el conjunto del proyecto este presupuesto se obtiene al sumar los importes resultantes de multiplicar las mediciones de las unidades de obra por los precios unitarios de las mismas.

 Recuerde

Actualmente el IVA soportado en las obras es del 21 %, 10 % y 4 %.

 Aplicación práctica

Supongamos que hemos calculado el presupuesto de ejecución material de una obra en 240.000,00 euros. ¿Cuál sería el presupuesto de contrata final para la licitación?

Continúa en página siguiente >>

<< Viene de página anterior

SOLUCIÓN

Presupuesto de ejecución material	240.000,00 €
Impuesto sobre el valor añadido 21 %	50.400,00 €
Presupuesto de contrata	**290.400,00 €**

Presupuesto de ejecución material	240.000,00 €
Gastos generales 13,00 %	31.200,00 €
Beneficio industrial 6 %	14.400,00 €
Presupuesto de contrata	**285.600,00 €**

Presupuesto de ejecución material	240.000,00 €
Gastos generales 13,00 %	31.200,00 €
Beneficio industrial 6 %	14.400,00 €
Presupuesto de contrata antes de los impuestos	285.600,00 €
Impuesto sobre el valor añadido 21 %	59.976,00 €
Presupuesto de contrata	**345.576,00 €**

8. Resumen

En definitiva, el objetivo de este capítulo ha sido saber realizar e interpretar las mediciones y las valoraciones de las unidades de obra. Se ha realizado una explicación que valdría para cualquier unidad de obra, ya sea de cimentaciones, instalaciones, albañilería, etc. Sin embargo, hemos concretado los ejemplos y las aplicaciones prácticas en los trabajos de albañilería.

Con los conocimientos adquiridos, el alumno puede realizar presupuestos de obra para ofertar, certificaciones de obras que se estén realizando o analizar diferentes ofertas para contratar la más favorable.

Ejercicios de repaso y autoevaluación

1. **¿Mediante qué documento la constructora determina la cantidad real de obra realizada de las diferentes unidades?**

   a. Valoración.
   b. Medición.
   c. Oferta.
   d. Certificación.

2. **El presupuesto de contrata, ¿de qué se compone?**

   a. Presupuesto de ejecución material.
   b. La suma de los importes de los capítulos.
   c. Presupuesto de ejecución material más los costes indirectos más el beneficio industrial.
   d. Presupuesto de licitación.

3. **¿Quién es el encargado de aclarar dudas sobre el proyecto a la hora de presupuestar?**

   a. Promotor.
   b. Administración.
   c. Técnico redactor.
   d. Organismo de control técnico.

4. **¿Cómo se divide un presupuesto?**

   a. Partidas.
   b. Títulos.
   c. Epígrafes.
   d. Capítulos.

5. En el caso de existir retención sobre el presupuesto de contrata para garantizar posibles deficiencias por parte del contratista, ¿de qué tanto por ciento estamos hablando?

    a. 1 %.
    b. 3 %.
    c. 5 %.
    d. 15 %.

6. ¿Quién suscribirá las certificaciones?

    a. El contratista.
    b. El promotor.
    c. La dirección facultativa.
    d. El jefe de obras.

7. ¿Qué define el criterio de medición?

    a. Cuándo se mide.
    b. Cómo se debe medir.
    c. Quién debe medir.
    d. Cada cuánto tiempo se certifica.

8. Un muro de 1 pie de ladrillo, ¿en qué unidad se mide?

    a. Kilogramos.
    b. Toneladas.
    c. Metro cuadrado.
    d. Unidades.

9. ¿Qué son los precios simples?

    a. Precios que formarán parte posteriormente de los precios unitarios.
    b. Precios reducidos.
    c. Precios de pequeñas partes de la obra.
    d. Precios reducidos que no se certifican.

10. ¿Cuál de las siguientes unidades no son precios auxiliares?

    a. Metro cuadrado de citara de ladrillo perforado.
    b. Metro cúbico de mortero.
    c. Metro cúbico de arena.
    d. Hora de retroexcavadora.

Seguridad en fábricas de albañilería

Contenido

1. Introducción

En este capítulo analizaremos todos los aspectos relacionados con la seguridad en fábricas de albañilería. En un primer apartado, expondremos los pasos necesarios para la correcta comprobación de las medidas y medios de seguridad en las obras de fábrica de albañilería.

Seguidamente, de una manera más genérica, analizaremos la legislación, las enfermedades y los accidentes laborales en obras de construcción.

Posteriormente, de forma más específica, se abordarán los equipos de protección individual y las diversas medidas de seguridad para cada tarea, maquinaria o útiles a emplear.

2. Comprobación de medidas y medios de seguridad en obras de fábrica

En primer lugar, habría que distinguir que las medidas de seguridad pueden ser individuales o colectivas y, por lo tanto, las comprobaciones de estas medidas deben ir encaminadas a la verificación de la existencia de cada una de ellas.

Las tareas de comprobación de las medidas de seguridad no deben corresponder a una sola persona (el encargado de seguridad de la obra), sino que debe ser una tarea en la que participen todos los trabajadores de la obra y que cada trabajador aporte sus ideas en la prevención de la siniestralidad. Aunque, en el punto sobre legislación pasaremos a explicar las funciones de cada agente que interviene en la obra: promotor, dirección facultativa, coordinador de seguridad, servicio de prevención, constructor, etc., a modo de chequeo, durante la obra se deberán comprobar los siguientes aspectos:

■ Todos los trabajadores que intervienen en la obra han recibido los EQUIPOS DE PROTECCIÓN INDIVIDUAL adecuados para el desempeño de sus funciones, comprometiéndose a velar por el uso efectivo de los mismos cuando, por la naturaleza de los trabajos realizados, sean necesarios.

- Todos los trabajadores que intervienen en la obra han recibido la INFOR-MACIÓN adecuada de todas las medidas que hayan de adoptarse en lo que se refiere a su seguridad y su salud en la obra. Dicha información se ha llevado a cabo mediante la entrega comentada de la parte del plan de seguridad y salud de la obra, correspondiente a los riesgos específicos que afectan a su puesto de trabajo o función y a las medidas de protección y prevención aplicables a dichos riesgos.
- Todos los trabajadores que intervienen en la obra han recibido la FOR-MACIÓN teórica y práctica, suficiente y adecuada, en materia preventiva.
- Existe una relación de riesgos y sus medidas correctoras concretas para cada actividad a realizar.
- Se comprobará diariamente el estado de las protecciones colectivas, tales como barandillas, redes, cerramiento de huecos horizontales, etc.
- En caso de uso de andamios, se ha acotado la zona inferior para evitar accidentes.
- El acceso a los tajos por el personal está debidamente señalizado y no se produce por zonas de peligro y, si es así, se han adoptado las suficientes medidas correctoras.
- Los recorridos de maquinaria están debidamente señalizados y se han aplicado las medidas correctoras en caso de peligro.
- Los medios auxiliares empleados (grúas, andamios, etc.) son comprobados diariamente por personal especializado.
- Se controlará que el número de trabajadores sea el adecuado para cada actividad, para evitar aglomeraciones o entorpecimientos.

 Importante

Las tareas de comprobación de las medidas de seguridad no deben corresponder a una sola persona (el encargado de seguridad de la obra), sino que debe ser una tarea en la que participen todos los trabajadores de la obra.

Los resultados periódicos de las comprobaciones de las condiciones de trabajo y de la actividad de los trabajadores en cuanto a su seguridad se deberán dejar anotados por escrito en las actas de reuniones de prevención o en las actas de visita del coordinador de seguridad, con el objeto de dejar claro las indicaciones formuladas por los agentes competentes.

Además, se pueden anotar indicaciones en cuanto a la seguridad de la obra en el libro de órdenes de la obra y, más concretamente, en el libro de incidencias. El libro de incidencias y el plan de seguridad de la obra deben estar en la obra a disposición de todos los trabajadores para su consulta o para la anotación de cualquier incidencia relativa a la seguridad, que deberá ser comunicada a la autoridad competente.

 Recuerde

Todos los trabajadores que intervienen en la obra han recibido la formación teórica y práctica, suficiente y adecuada, en materia preventiva.

3. Legislación relativa a prevención y a seguridad y salud en obras de construcción

Genéricamente destacamos las siguientes normativas en cuanto a la prevención de riesgos en la construcción:

La **Constitución Española** reconoce en su art. 15 como un derecho fundamental el derecho a la vida y a la integridad física y moral. El art. 40.2 de la misma norma encomienda a los poderes públicos velar por la seguridad e higiene en el trabajo.

El **Estatuto de los Trabajadores,** en su art. 4.2.d reconoce el derecho de los mismos a su "integridad física y a una adecuada política de prevención de riesgos laborales" en su relación de trabajo, y en su art. 19.1 establece el derecho del trabajador a "una protección eficaz en materia de seguridad y salud en el trabajo".

La **Ley General de Sanidad** dedica el capítulo cuarto del título I a la salud laboral, y en concreto a la actuación sanitaria en este ámbito.

La **Ley 31/1995, de 8 de noviembre, de Prevención de Riesgos Laborales** tiene por objeto la determinación del cuerpo básico de garantías y responsabilidades, preciso para establecer un adecuado nivel de protección de la salud de los trabajadores frente a los riesgos derivados de las condiciones de trabajo.

La **Ley 54/2003, de 12 de diciembre, de reforma del marco normativo de la prevención de riesgos laborales.**

De manera más **específica** cabe destacar el **Reglamento de los Servicios de Prevención** (RSP), aprobado por el Real Decreto 39/1997, de 17 de enero.

A continuación se citan algunas normas específicas derivadas de la Ley de Prevención de Riesgos Laborales:

- R. D. 485/1997, sobre disposiciones mínimas en materia de señalización de seguridad y salud en el trabajo.
- R. D. 486/1997, por el que se establecen las disposiciones mínimas de seguridad y salud en los lugares de trabajo.
- R. D. 487/1997, sobre disposiciones mínimas de seguridad y salud relativas a la manipulación manual de cargas que entrañe riesgos, en particular dorsolumbares, para los trabajadores.
- R. D. 1627/1997, por el que se establecen las disposiciones mínimas de seguridad y salud en las obras de construcción.
- R. D. 286/2006, de 10 de marzo, sobre la protección de la salud y la seguridad de los trabajadores contra los riesgos relacionados con la exposición al ruido.
- R. D. 67/2010, de 29 de enero, de adaptación de la legislación de prevención de riesgos laborales a la Administración general del Estado.

Todo este compendio de normas es resultado de la acción legislativa del Estado. Su cumplimiento es la mejor forma de evitar los riesgos, prevenir los accidentes y preservar la salud.

Además, en el ámbito nacional tenemos que destacar la entrada en vigor del Código Técnico de la Edificación, aprobado por Real Decreto 314/2006, de 17 de marzo, y la Instrucción para la recepción de cementos (RC-16) aprobada por R.D. 256/2016, de 10 de junio.

Como normativa específica de albañilería, tenemos lo siguiente:

Estructuras de fábrica

"DB SE-F Fábrica" aplicado conjuntamente con los "DB SE Seguridad Estructural" y "DB SE-AE Acciones en la Edificación".

Cementos y cales

Normalización de conglomerantes hidráulicos.

Orden de 24 de junio de 1964 sobre fomento de la normalización y de la calidad en los conglomerantes hidráulicos.

Obligatoriedad de la homologación de los cementos para la fabricación de hormigones y morteros para todo tipo de obras y productos prefabricados.

Real Decreto 1313/1988, de 28 de octubre, Ministerio de Industria y Energía.

Certificado de conformidad a normas como alternativa de la Homologación de los cementos para la fabricación de hormigones y morteros para todo tipo de obras y productos.

Orden de 17.01.89 del Ministerio de Industria y Energía.

Instrucción para la recepción de cementos RC-16.

Real Decreto 256/2016, de 10 de junio.

Cerámica

Disposiciones específicas para ladrillos de arcilla cara vista y tejas cerámicas.

Res.15.06.88, del Dir. Gral. de Arquitectura y Vivienda.

4. Enfermedades y accidentes laborales: tipos, causas, efectos y estadísticas

En primer lugar tenemos que diferenciar los conceptos de accidentes de trabajo y de enfermedades para no llegar a una conclusión errónea de ambos términos:

- **Enfermedad Profesional:** deterioro lento y paulatino de la salud del trabajador, producido por una exposición crónica a situaciones adversas, en el ambiente o en la forma de trabajo.
- **Accidente de Trabajo:** lesiones que sufra el trabajador en el lugar de trabajo durante su jornada laboral. También se consideran accidentes de trabajo los que se producen durante el trayecto al trabajo o desde el trabajo a su casa. En este último caso el accidente recibe el nombre de *in itinere*.

 Importante

Los accidentes de trabajo in itinere son los que se producen durante el trayecto al trabajo o desde el trabajo a casa.

Así pues, una vez aclarados los conceptos, pasaremos a analizar tanto las enfermedades como los accidentes de forma pormenorizada.

4.1. Enfermedades profesionales

Según el artículo 157 de la Ley General de la Seguridad Social, se entenderá por enfermedad profesional la contraída a consecuencia del trabajo ejecutado por cuenta ajena en las actividades que se especifiquen en el cuadro que se apruebe por las disposiciones de aplicación y desarrollo de esta Ley, y que esté provocada por la acción de los elementos o sustancias que en dicho cuadro se indiquen para cada enfermedad profesional.

Dicho en otras palabras, la enfermedad profesional se produce cuando el obrero ha contraído la enfermedad a causa del trabajo que realiza, trabajando para una empresa y no por su cuenta. Para tipificar la enfermedad, el ministerio aporta un cuadro en el cual aparecen todas las enfermedades profesionales que están catalogadas y con qué tipo de trabajos y sustancias han sido contraídas.

El objetivo de esto no es otro que, en el caso de contraer una de estas enfermedades, la empresa deberá adoptar medidas preventivas y de seguridad adecuadas para evitar el riesgo de que se pueda volver a producir al mismo operario o a otros. Y finalmente sirve para que el trabajador afectado tenga derecho a las prestaciones e indemnizaciones que le correspondan por haber contraído la enfermedad profesional.

Por otro lado, no hay que confundir la enfermedad profesional con otras enfermedades como son la enfermedad común, que es la que se contrae por motivos ajenos al trabajo habitual, como por ejemplo un resfriado; y la enfermedad del trabajo, que es la que se contrae en el trabajo de manera imprevista, por ejemplo, si debido al temporal de frío y lluvias y al estar trabajado a la intemperie el trabajador contrae la gripe.

En España, el Real Decreto 1299/2006, de 10 de noviembre, es el que aprueba el cuadro de enfermedades profesionales en el sistema de la Seguridad Social y se establecen criterios para su notificación y registro.

Este cuadro se va actualizando temporalmente a través del Comité Consultivo Permanente, que analiza si una nueva enfermedad merece o no su incorporación al listado dependiendo de si cumple determinadas condiciones, o si el operario afectado podrá cobrar la correspondiente prestación.

 **Recuerde**

La enfermedad profesional se produce cuando el obrero ha contraído la enfermedad a causa del trabajo que realiza, trabajando para una empresa y no por su cuenta.

El ministerio competente publica una lista de las enfermedades profesionales, clasificadas por familias:

■ Enfermedades profesionales causadas por la exposición a agentes que resulten de las actividades laborales:

   ▪ Enfermedades causadas por agentes químicos.

     ▪ Ejemplo:

        ı Enfermedades causadas por plomo o sus compuestos.
        ı Enfermedades causadas por cobre o sus compuestos.
        ı Enfermedades causadas por benceno o sus homólogos.

   ▪ Enfermedades causadas por agentes físicos.

     ▪ Ejemplo:

        ı Deterioro de la audición causada por ruido.
        ı Enfermedades causadas por vibraciones (trastornos de músculos, tendones, huesos, articulaciones, vasos sanguíneos periféricos o nervios periféricos).
        ı Enfermedades causadas por exposición a temperaturas extremas.

▮ Agentes biológicos y enfermedades infecciosas o parasitarias.

  ▮ Ejemplo:

    ı Virus de la hepatitis.
    ı Ántrax.
    ı Tuberculosis.

■ Enfermedades profesionales según el órgano o sistema afectado:

  ▮ Enfermedades del sistema respiratorio.

    ▮ Ejemplo:

      ı Asma causada por agentes sensibilizantes o irritantes reconocidos e inherentes al proceso de trabajo.
      ı Enfermedades pulmonares obstructivas crónicas causadas por inhalación de polvo de carbón, polvo de canteras de piedra, polvo de madera, polvo de cereales y del trabajo agrícola, polvo de locales para animales, polvo de textiles, y polvo de papel que resulte de las actividades laborales.
      ı Trastornos de las vías respiratorias superiores causados por agentes sensibilizantes o irritantes reconocidos e inherentes al proceso de trabajo.

  ▮ Enfermedades de la piel.

    ▮ Ejemplo:

      ı Dermatosis alérgica de contacto y urticaria de contacto, causadas por otros alérgenos reconocidos, no mencionados en los puntos anteriores, que resulten de las actividades laborales.
      ı Dermatosis irritante de contacto causada por otros agentes irritantes reconocidos, no mencionados en los puntos anteriores, que resulten de las actividades laborales

ı Vitiligo causado por otros agentes reconocidos, no mencionados en los puntos anteriores, que resulten de las actividades laborales.

■ Enfermedades del sistema osteomuscular.

ı Ejemplo:

ı Tenosinovitis crónica de la mano y la muñeca debida a movimientos repetitivos, esfuerzos intensos y posturas extremas de la muñeca.
ı Lesiones de menisco consecutivas a periodos prolongados de trabajo en posición de rodillas o en cuclillas.
ı Síndrome del túnel carpiano debido a periodos prolongados de trabajo intenso y repetitivo, trabajo que entrañe vibraciones, posturas extremas de la muñeca, o una combinación de estos tres factores.

■ Trastornos mentales y del comportamiento.

ı Ejemplo:

ı Trastorno de estrés postraumático.
ı Otros trastornos mentales o del comportamiento no mencionados en el punto anterior cuando se haya establecido, científicamente o por métodos adecuados a las condiciones y la práctica nacionales, un vínculo directo entre la exposición a factores de riesgo que resulte de las actividades laborales y el trastorno mental o del comportamiento contraído por el trabajador.

■ Cáncer profesional:

■ Cáncer causado por los agentes siguientes.

▮ Ejemplo:

  ▮ Amianto o asbesto.
  ▮ Alquitranes de hulla, brea de carbón u hollín.
  ▮ Virus de la hepatitis B (VHB) y virus de la hepatitis C (VHC).

■ Otras enfermedades:

  ▮ Nistagmo de los mineros.
  ▮ Otras enfermedades específicas causadas por ocupaciones o procesos no mencionados en esta lista cuando se haya establecido, científicamente o por métodos adecuados a las condiciones y la práctica nacionales, un vínculo directo entre la exposición que resulte de las actividades laborales y la(s) enfermedad(es) contraída(s) por el trabajador.

El ministerio en su Secretaría de Seguridad Social, publica periódicamente estadísticas de las enfermedades que han causado bajas en España.

Todo ello se desarrolla a través del sistema CEPROSS (Comunicación de Enfermedades Profesionales en la Seguridad Social) en el ámbito de la Seguridad Social, con la premisa de poner la información a disposición de la Administración Laboral, la Inspección de Trabajo y Seguridad Social, así como de las restantes administraciones, instituciones, organizaciones y entidades para las que la materia tratada resulte de interés al cumplimiento de sus fines.

4.2. Accidentes laborales

Según el artículo 156 de la Ley General de la Seguridad Social, se entiende por **accidente de trabajo** toda lesión corporal que el trabajador sufra con ocasión o por consecuencia del trabajo que ejecute por cuenta ajena. Es decir, que el obrero tenga un accidente durante su jornada laboral como consecuencia de la labor que está realizando.

Nota

A partir de 2005, también se incluye a los trabajadores autónomos, dentro de la definición de accidente laboral. Para ello, previamente deberán solicitarlo a la Seguridad Social y abonar las cuotas correspondientes.

Para que una lesión corporal se considere accidente laboral, según el artículo 156 de la Ley General de la Seguridad Social, se tienen que dar ciertas consideraciones. Se considerarán accidentes laborales:

- Los que sufra el trabajador al ir o al volver del lugar de trabajo, denominados accidentes *in itinere*. Es necesario para considerar un accidente laboral *in itinere* que se haya producido entre el domicilio habitual del trabajador y el puesto de trabajo. No se considerará accidente laboral, si se producen interrupciones en el camino para realizar actos ajenos al trabajo o se dirige desde el trabajo a lugares distintos del domicilio habitual.
- Los que sufra el trabajador con ocasión o como consecuencia del desempeño de cargos electivos de carácter sindical.
- Los ocurridos con ocasión o por consecuencia de las tareas que, aun siendo distintas a las de su categoría profesional, ejecute el trabajador en cumplimiento de las órdenes del empresario o espontáneamente en interés del buen funcionamiento de la empresa.
- Los acaecidos en actos de salvamento y en otros de naturaleza análoga, cuando unos y otros tengan conexión con el trabajo.
- Las enfermedades no incluidas en el cuadro de enfermedades profesionales que contraiga el trabajador con motivo de la realización de su trabajo, siempre que se demuestre que la enfermedad fue a causa exclusiva la ejecución del mismo.
- Las enfermedades o defectos padecidos con anterioridad por el trabajador que se agraven como consecuencia de la lesión constitutiva del accidente.
- Las consecuencias del accidente que resulten modificadas en su naturaleza, duración, gravedad o terminación, por enfermedades intercurrentes,

es decir, que acontecen durante el curso de otra y que la modifica en un grado más o menos alto.

No se considerará accidente de trabajo:

■ Los provocados por una fuerza mayor extraña al trabajo.
■ Los debidos a dolo o a la imprudencia temeraria del trabajador accidentado.

 Importante

No se considerará accidente de trabajo el que se produce en el puesto de trabajo cuando el accidentado está cometiendo un delito doloso.

En España, el Instituto Nacional de Seguridad y Salud en el Trabajo (INSST) se encarga de realizar estadísticas sobre la siniestralidad laboral de manera trimestral; y estos datos se van publicando. Con estos datos se elaborarán informes de siniestralidad laboral, con el objetivo de ver la evolución de la siniestralidad y comprobar que se está haciendo hincapié en la prevención de riesgos laborales. Esta estadística comprende los siguientes apartados:

■ Según su gravedad:

  ▮ Accidentes leves
  ▮ Accidentes graves
  ▮ Accidentes mortales

■ Según los diferentes sectores de producción:

  ▮ Agrario
  ▮ Industria

■ Construcción

■ Servicios

A modo de ejemplo, se muestran en el siguiente cuadro las estadísticas de accidentes que publica el INSST anualmente:

Accidentes de trabajo en jornada de trabajo (ATJT) con baja			
España (período: desde enero 2024 a diciembre de 2024)			
Sector	Número de accidentes	Número de trabajadores	Incidencia
Agrario	28.518	709.370	4.020,19
Industria	107.116	2.396.553	4.469,59
Construcción	81.697	1.404.683	5.816,04
Servicios	322.984	15.842.531	2.038,71
Total	540.315	20.353.138	2.654,70

Base del Índice: la media de la Población Afiliada a la Seguridad Social con la contingencia por AT cubierta.
Índice de Incidencia = (Nº. de Accidentes de Trabajo / Población Afiliada) x 100.000.
Fuente: Datos de siniestralidad del INSST

Como se puede observar en el sector de la construcción es donde se producen más accidentes laborales, por tanto es necesario hacer más hincapié en la prevención de riesgos laborales y para ello es crucial que los trabajadores colaboren y exijan más nivel de seguridad en sus puestos de trabajo y así evitar los accidentes laborales, que muchas veces suelen tener las peores consecuencias.

 **Recuerde**

En España, el Instituto Nacional de Seguridad y Salud en el Trabajo se encarga de realizar estadísticas sobre la siniestralidad laboral.

Accidentes de trabajo agrupados por su gravedad	
España (período: desde enero 2023 a diciembre de 2023)	
Tipo de accidente	Número de accidentes de trabajo
Accidentes leves	554.396
Accidentes graves	3.921
Accidentes mortales	619

5. Riesgos y medidas de prevención en tajos, máquinas, equipos y medios auxiliares

Para establecer los riesgos y medidas de prevención en los tajos de albañilería, seguiremos el esquema utilizado para realizar los estudios y planes de seguridad y que consiste en describir los trabajos a realizar, seguido de la identificación de los riesgos laborales que puedan ser evitados, indicando las medidas técnicas necesarias para ello; además se hará la relación de los riesgos laborales que no puedan eliminarse conforme a lo señalado anteriormente, especificando las medidas preventivas y protecciones técnicas tendentes a controlar y reducir dichos riesgos y valorando su eficacia, en especial cuando se propongan medidas alternativas.

■ Descripción de los trabajos:

▮ Antes de iniciar la fase de albañilería se comprobará la seguridad de todos los accesos y zonas de paso.

▮ Se describirá el tipo de cerramiento empleado en fachada y medianeras y el proceso de ejecución de los diferentes tajos.

▮ En todos los casos, y para su correcta realización, se hará necesaria la utilización de andamios que, para la seguridad del personal que los utiliza, deberán estar correctamente protegidos (perfecto anclaje, provistos de barandillas y rodapié).

 **Consejo**

Antes de iniciar la fase de albañilería se comprobará la seguridad de todos los accesos y zonas de paso.

- Identificación de los riesgos evitables completamente:

    - Caídas del personal que interviene en los trabajos al vacío por el mal uso de los medios auxiliares o las medidas de protección colectiva.
    - Caídas de materiales empleados en los trabajos.
    - Golpes contra objetos.
    - Cortes por manejo de objetos y herramientas.
    - Partículas en los ojos.
    - Sobreesfuerzos.
    - Electrocuciones.
    - Atrapamientos por los medios de elevación y transporte.
    - Los derivados del uso de los medios auxiliares (borriquetas, escaleras, andamios, etc.).

- Identificación de los riesgos no eliminables completamente:

    - Explosiones e incendios en máquinas.
    - Inundaciones.
    - Caídas de personal al mismo nivel.
    - Generación de polvo.
    - Heridas punzantes causadas por las armaduras.
    - Quemaduras.
    - Explosión de botellas de gases licuados.
    - Incendios.
    - Intoxicación.

■ Normas básicas de seguridad:

▮ Uso obligatorio de elementos de protección personal.

▮ Los huecos existentes en el suelo permanecerán protegidos, para la prevención de caídas.

▮ Los huecos de una vertical, bajante por ejemplo, serán destapados para el aplomado correspondiente, concluido el cual, se comenzará el cerramiento definitivo del hueco, en prevención de los riesgos por ausencia generalizada o parcial de protecciones en el suelo.

▮ No se desmontarán las redes verticales de protección de grandes huecos hasta estar concluidos en toda su altura los antepechos de cerramiento de los dos forjados que cada paño de red protege.

▮ Los huecos permanecerán constantemente protegidos con las protecciones instaladas en la fase de estructura, reponiéndose las protecciones deterioradas.

▮ Las rampas de las escaleras estarán protegidas en su entorno por una barandilla sólida de 90 cm de altura, formada por pasamanos, listón intermedio y rodapié de 15 cm.

▮ Se establecerán cables de seguridad amarrados entre los pilares en los que enganchar el mosquetón del cinturón de seguridad durante las operaciones de replanteo e instalación de miras.

▮ Se instalarán, en las zonas con peligro de caída desde altura, señales de "peligro de caída desde altura", y de "obligatorio utilizar el cinturón de seguridad".

▮ Las zonas de trabajo serán limpiadas de escombros diariamente.

▮ Se prohíbe balancear las cargas suspendidas para su instalación en las plantas, en prevención del riesgo de caída al vacío.

▮ El material cerámico se izará a las plantas sin romper los envoltorios, para evitar riesgos de derrame de la carga.

▮ El ladrillo suelto se izará apilado ordenadamente en el interior de plataformas.

▮ Se prohíbe concentrar las cargas de ladrillos sobre vanos. El acopio de palés se realizará próximo a cada pilar para evitar las sobrecargas de la estructura en los lugares de menor resistencia.

▮ Se instalarán cables de seguridad en torno a los pilares próximos a la fachada para anclar a ellos los mosquetones de los cinturones de seguridad durante las operaciones de ayuda a las descargas en las plantas.

▮ Los escombros y cascotes se evacuarán diariamente mediante trompas de vertido montadas a tal efecto, para evitar el riesgo de pisadas sobre materiales.

▮ Se prohíbe lanzar cascotes directamente por las aberturas de fachada, huecos o patios.

▮ Se prohíbe el uso de borriquetas en balcones, terrazas y bordes de forjados si antes no se ha procedido a instalar la red de seguridad, en prevención de riesgo de caída desde altura, o en su caso, una protección sólida contra posibles caídas al vacío formada por pies derechos y travesaños sólidos horizontales, según el detalle de los planos.

▮ Se prohíbe saltar del forjado, peto de cerramiento o alféizares a los andamios colgados o viceversa.

■ Protecciones personales:

▮ Cinturón de seguridad homologado.
▮ Casco de seguridad.
▮ Guantes de goma o caucho.
▮ Guantes de cuero.
▮ Botas de seguridad.

■ Protecciones colectivas:

▮ Colocación de redes elásticas, las cuales se pueden usar para una altura máxima de 6 m, usándose las de fibra, poliamida o poliéster; la cuadrícula máxima será de 10 x 10 cm, teniendo reforzado el perímetro de las mismas con cable metálico recubierto de tejido; empleándose para la fijación de las redes soportes del tipo horca pértiga y horca superior, que sostienen las superficies, los cuales atravesarán los forjados en dos alturas teniendo resistencia por sí mismos, debiendo estar dispuestos de forma que sea mínima la posibilidad de chocar una persona al caer, recomendándose que se coloquen lo más cerca posible de la vertical de pilares o paredes.

▌ Instalación de protecciones para cubrir los huecos verticales de los cerramientos exteriores antes de que se realicen estos, empleando barandillas metálicas desmontables por su fácil colocación y adaptación a diferentes tipos de huecos, constando estas de dos pies derechos metálicos anclados al suelo con barandillas a 90 cm y 45 cm de altura provistas de rodapié de 15 cm, debiendo resistir 150 kg/ml, y sujetas a los forjados por medio de los husillos de los pies derechos metálicos.

▌ Independientemente de estas medidas, cuando se efectúen estos trabajos de cerramiento, se delimitará la zona, señalizándola, evitando en lo posible el paso del personal por la vertical de los trabajos.

Los riesgos y medidas de prevención de las máquinas, equipos y medios auxiliares se describirán en los puntos sucesivos.

6. Procedimientos de actuación y primeros auxilios en caso de accidente

El estudio de los primeros auxilios es una herramienta que sirve para proceder con serenidad y conocimiento en caso de que se produzca un accidente. De esta forma la persona que auxilia al accidentado tiene claro los pasos a seguir y puede realizar una actuación clave que facilita la futura intervención de los profesionales de la sanidad a los que habrá que llamar en todo caso.

6.1. Concepto y objetivos de los primeros auxilios

Se entiende por primeros auxilios los cuidados que recibe un accidentado de manera inmediata y provisional, con el objetivo primordial de evitar su muerte, evitar complicaciones físicas y psicológicas, aliviarle el dolor y evitar otras lesiones secundarias. Es importante decir que los primeros auxilios no tienen que suplantar la asistencia médica profesional, simplemente sirven para auxiliar al accidentado mientras no llega la ambulancia o en el recorrido hacia los centros sanitarios. Los objetivos de los primeros auxilios son:

- Conservar la vida del accidentado.
- Evitar su muerte a causa de hemorragias o asfixia.
- Evitar complicaciones físicas, psicológicas y el *shock*.
- Aliviarle el dolor en la medida de lo posible.
- Evitar que se produzcan otras lesiones secundarias o infecciones.
- Ayudar en la recuperación del accidentado.
- Llamar a la ambulancia o asegurar su traslado a un centro sanitario.

 Importante

Los primeros auxilios no tienen que suplantar la asistencia médica profesional, simplemente sirven para auxiliar al accidentado mientras llega la ambulancia o en el recorrido hacia los centros sanitarios.

6.2. Normas generales para prestar primeros auxilios

En la manera de proceder ante un accidentado, se deben tener en cuenta las siguientes normas:

- Se debe actuar con la seguridad de lo que se va a hacer, en caso contrario absténgase de prestar los primeros auxilios y pida ayuda rápidamente, ya que de hacer algo inadecuado podría agravar la situación del accidentado.
- Actúe con calma, serenidad y rapidez y evite el pánico, ya que de su actitud depende la vida de los heridos y de esta manera serenará al accidentado. Además, en caso de tener conocimientos de primeros auxilios, los realizará de manera más eficiente.
- Se debe examinar al accidentado para ver qué lesiones tiene y actuar sobre las más urgentes.
- Quédese cerca de la víctima y si está solo, solicite ayuda a los compañeros cercanos.

Ejemplo

Se encuentra usted ante un accidentado que presenta los primeros síntomas de una quemadura y que, a la vez, puede tener otras fracturas.

La posibilidad de que sobreviva el accidentado dependerá mucho de si la atención es inmediata, adecuada y su transporte a los centros sanitarios es rápido y apropiado.

Identifique a la víctima, a sus compañeros, y registre la hora en que se produjo el accidente.

Si pide ayuda a los compañeros durante el procedimiento de primeros auxilios, sea claro y preciso en las instrucciones.

Organice los primeros auxilios, inspeccionando el lugar del accidente, y proceda según sus capacidades físicas y su juicio personal.

6.3. Procedimiento y precauciones generales para prestar primeros auxilios

Para prestar los primeros auxilios usted debe hacer lo siguiente:

- Organice un cordón humano con los compañeros; de esta manera realizará los primeros auxilios de manera mas cómoda para usted y para el accidentado.
- Evite que los compañeros que no tengan conocimientos de primeros auxilios actúen por su cuenta y, en el mejor de los casos, pregunte quién tiene conocimientos de primeros auxilios para que le ayude.
- Se debe examinar al accidentado para ver qué lesiones tiene y actuar sobre las más urgentes, evitando causar más sufrimiento al accidentado. En caso necesario, rasgue el vestuario con tijeras o navaja preferiblemente por las costuras.
- Tape las heridas con gasas estériles evitando tocarlas con los dedos y, si existe un cuerpo extraño, sáquelo con las gasas si es posible; en caso de que no sea posible, no lo toque más.

- Improvisar torniquetes, tablillas, etc., en la medida de lo posible y nunca intente hacer cirugía ni reducir las fracturas o dislocaciones por su cuenta.
- Comuníquese continuamente con la víctima y aporte seguridad emocional y física.
- No intente mover al lesionado si no es absolutamente necesario, y déjele en una posición cómoda, levantándole la cabeza levemente con algún cojín o similar, en caso de ver enrojecimiento de su cara.
- En caso contrario, si está pálido, dejar la cabeza al mismo nivel que el cuerpo. Si el lesionado empieza a vomitar, ponga la cabeza de lado evitando así su ahogamiento.
- En el caso de tener alimentos o elementos extraños en la boca, sáquelos y evite que se trague la lengua.
- Si la víctima está consciente, pídale que mueva todas sus extremidades, para determinar sensibilidad y movimiento.
- No obligue al lesionado a levantarse o moverse especialmente si se sospecha fractura, antes es necesario inmovilizarlo.
- Cubra al lesionado para mantener la temperatura corporal.
- No administre medicamentos, excepto analgésicos, si fuese necesario.
- No dé licor en ningún caso.
- No haga comentarios sobre el estado de salud del lesionado, especialmente si este se encuentra consciente.
- Una vez prestados los primeros auxilios, llame a una ambulancia o traslade al lesionado al centro de salud u hospital más cercano.

 Recuerde

Se debe examinar al accidentado para ver qué lesiones tiene y actuar sobre las más urgentes.

 **Ejemplo**

Realización de un torniquete:

1. Utilice este método como última medida en caso de que no pare de sangrar la herida.
2. Colocar una prenda o lazo con un nudo que no ceda a una altura antes de la hemorragia.
3. Pasar entre la prenda y el miembro una tablilla.
4. Hacer girar la tablilla sobre la prenda a modo de sacacorchos apretando el miembro hasta observar que no sangre más.
5. Los torniquetes no pueden estar colocados más de tres horas, por tanto, en menos de ese tiempo debe haber acudido a un centro hospitalario.

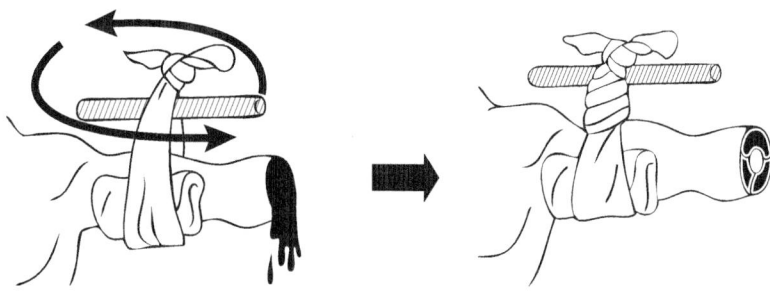

7. Equipos de protección individual. Tipos, normativa y criterios de utilización

Una de las medidas para evitar que un accidente laboral sea de mayor gravedad, incluso podríamos decir mortal, es la utilización de Equipos de Protección Individual (EPI) por parte de los trabajadores y que se tome conciencia de que el llevarlo o no llevarlo les puede salvar la vida en caso de un accidente.

Los EPI estarían situados en el último eslabón en cuanto a la prevención de riesgos laborales, ya que antes se encuentran las protecciones colectivas, la formación de los trabajadores en temas de seguridad y salud, el estudio de los riesgos de la obra y la prevención, sobre todo.

A continuación analizaremos los tipos de EPI que son obligatorios en las obras.

7.1. Tipos

Entenderemos por equipo de protección individual (EPI) cualquier equipo destinado a ser llevado por el trabajador individualmente para que le proteja de los riesgos que puedan amenazar su seguridad o salud en el trabajo.

La protección individual tiene como objeto proteger al trabajador frente a agresiones externas, ya sean de tipo físico, químico o biológico, que se pueden presentar en el desempeño del trabajo.

La protección individual posee las siguientes características:

- La protección personal constituye el último eslabón en la cadena preventiva entre las personas y el riesgo, resultando de aplicación como técnica de seguridad complementaria de la colectiva (nunca como sustituta).
- La misión de la protección individual no es eliminar el riesgo de accidente, sino reducir o eliminar las consecuencias que el accidente puede producir en el trabajador.

 Importante

La protección individual es una técnica de seguridad complementaria de la colectiva, no sustituta de la misma.

Los equipos de protección individual (EPI) solo deben ser utilizados cuando los riesgos no se puedan eliminar o controlar suficientemente por medios de protección colectiva o con métodos o procedimientos de trabajos adecuados y bien organizados.

Al elegir un EPI deberá considerar que este sea eficaz frente a los riesgos que ha de proteger sin introducir otros nuevos. Es importante señalar que el trabajador:

- Tendrá derecho a participar en su elección y se le debe proporcionar la formación necesaria para que sepa utilizarlo correctamente.
- Debe adoptar una serie de precauciones de uso y mantenimiento, limpiarlo con regularidad y guardarlo en su sitio después de su uso.
- Tendrá que seguir las instrucciones del fabricante.

TIPOS EQUIPOS DE PROTECCIÓN INDIVIDUAL		
Protección para	EPI	Ejemplo
Cabeza	Casco	
Oídos	Orejeras Tapones	
Cara y ojos	Gafas Pantallas faciales Pantallas de soldador	
Vías respiratorias	Equipos filtrantes de partículas Equipos aislantes de aire libre	

Continúa en página siguiente >>

<< Viene de página anterior

TIPOS EQUIPOS DE PROTECCIÓN INDIVIDUAL

Protección para	EPI	Ejemplo
Manos y brazos	Guantes agresiones mecánicas Guantes agresiones químicas Manoplas	
Pies y piernas	Calzado y botas de seguridad Protectores amovibles del empeine Rodilleras	
Piel	Cremas de protección y pomadas	
Tronco y abdomen	Chalecos, chaquetas y mandiles Fajas y cinturones antivibratorios.	
Total del cuerpo	Equipos contra las caídas de altura. Dispositivos anticaídas. Arneses. Cinturones de sujeción. Ropa de protección. Ropa de protección contra las agresiones mecánicas y químicas.	

7.2. Normativa

La Directiva 89/656/CEE fija las disposiciones mínimas de seguridad y salud que garanticen una protección adecuada del trabajador en la utilización de los equipos de protección individual en el trabajo. Esta viene a concretar lo dispuesto en el Convenio número 155 de la Organización Internacional del Trabajo en su artículo 16.3, que establece que cuando sea necesario, los empleadores deberán suministrar ropas y equipos de protección apropiados a fin de prevenir los riesgos de accidentes o de efectos perjudiciales para la salud de los trabajadores.

El Real Decreto 773/1997 establece las disposiciones mínimas de seguridad y salud relativas a la utilización por los trabajadores de equipos de protección individual.

 Nota

El Reglamento UE 2016/425, del Parlamento Europeo y del Consejo, de 9 de marzo de 2016, recoge los requisitos del diseño y fabricación de los EPI que se comercializan en la Unión Europea, para garantizar la protección de la salud y seguridad de los trabajadores. Además, de las normas sobre la libre circulación de los EPI en la Unión.

Con la colocación del marcado CE, el fabricante declara que el EPI se ajusta a las disposiciones indicadas en la normativa reguladora.

El fabricante tiene la obligación de suministrar un folleto informativo junto con cada equipo de protección individual, el cual debe recoger toda la información acerca de todas sus características, instrucciones y limitaciones de uso, limpieza, mantenimiento, revisiones, caducidad, etc. Debe estar escrito en español y su contenido ser perfectamente claro.

Es obligación del empresario facilitar a sus empleados todos los equipos de protección individual que se estimen oportunos para todo el transcurso de la obra y reponerlos en caso de deterioro o rotura. Así mismo es obligación del trabajador su custodia, mantenimiento y limpieza.

7.3. Criterios de utilización

A continuación se especifican algunos criterios de utilización de algunos equipos de protección individual que se utilizan en las obras:

Arneses

- Obligación de su utilización:

  - En todos aquellos trabajos con riesgo de caída desde altura definidos en la memoria dentro del análisis de riesgos. Trabajos de: montaje, mantenimiento, cambio de posición y desmantelamiento de las protecciones colectivas. Montaje y desmontaje de andamios metálicos modulares. Montaje, mantenimiento y desmontaje de grúas torre.

- Obligados a la utilización del arnés cinturón de seguridad:

  - Montadores y ayudantes de las grúas torre, andamios, plataformas y ascensores. El gruísta durante el ascenso y descenso a la cabina de mando.
  - Oficiales, ayudantes y peones de apoyo al montaje, mantenimiento y desmontaje de las protecciones colectivas.
  - El personal que suba o trabaje en andamios cuyos pisos carezcan de barandillas de protección.
  - Personal encaramado a un andamio, a una escalera, que trabaje en la proximidad de un borde de forjado, hueco vertical u horizontal, en un ámbito de 3 m de distancia.
  - Oficiales, ayudantes y peones que realicen trabajos estáticos en puntos con riesgo de caída desde altura (ajustes, remates y similares).

Casco de seguridad

- Obligación de su utilización:

  - Desde el momento de entrar en la obra, durante toda la estancia en ella, dentro de los lugares con riesgos para la cabeza.
  - Durante toda la realización de la obra y en todos los lugares, con excepción de: interior de talleres, instalaciones provisionales para los trabajadores; oficinas y en el interior de cabinas de maquinaria y siempre que no existan riesgos para la cabeza.

- Obligados a la utilización del casco de seguridad:

  - Todo el personal en general contratado por el contratista, por los subcontratistas y los autónomos si los hubiese.
  - Todo el personal de oficinas sin exclusión, cuando accedan a los lugares de trabajo.
  - Jefatura de obra y cadena de mando de todas las empresas participantes.
  - Coordinación de seguridad y salud durante la ejecución de la obra, dirección facultativa, representantes y visitantes invitados por la propiedad.
  - Cualquier visita de inspección de un organismo oficial o de representantes de casas comerciales para la venta de artículos.

 Importante

Es obligatorio el uso del casco de seguridad desde el momento de entrar en la obra, durante toda la estancia en ella, dentro de los lugares con riesgos para la cabeza.

Gafas protectoras contra el polvo

■ Obligación de su utilización:

    ▮ En la realización de todos los trabajos con producción de polvo.

    ▮ En cualquier punto de la obra, en la que se trabaje dentro de atmósferas con producción o presencia de polvo en suspensión.

■ Obligados a utilizar las gafas protectoras contra el polvo:

    ▮ Peones que realicen trabajos de carga, descarga y transporte de materiales pulverulentos que puedan derramarse.

    ▮ Peones que derriben algún objeto o manejen martillos neumáticos, rozadoras, amoladoras, pulidoras, etc., que produzcan polvo.

    ▮ Peones especialistas que manejen pasteras o realicen vertidos de pastas y hormigones mediante cubilote, canaleta o bombeo.

    ▮ En general, todo trabajador, independientemente de su categoría profesional, que esté expuesto al riesgo de recibir salpicaduras o polvo en los ojos.

 Recuerde

Tiene obligación de usar el casco de seguridad todo el personal de oficinas sin exclusión, cuando accedan a las zonas de obra.

Botas de seguridad con refuerzo de puntera y suela

■ Obligación de su utilización:

    ▮ Por toda la superficie del solar y obra; y durante la realización de todos los trabajos que requieran la garantía de la estabilidad de los tobillos y pies de cualquier persona.

▪ En la realización de cualquier trabajo con riesgo de recibir golpes o aplastamientos en los pies y pisar objetos punzantes.

▪ Están obligados a la utilización de botas de seguridad:

▪ En general, todo el personal de la obra.
▪ Oficiales, ayudantes y peones que manejen, conformen o monten ferralla, encofrados y tareas de desencofrado.
▪ El encargado, los capataces, personal de mediciones, encargado de seguridad, coordinación de seguridad y salud durante la ejecución de la obra, dirección facultativa y visitas, durante las fases descritas.
▪ Los peones que efectúen las tareas de carga, descarga y desescombro durante toda la duración de la obra.
▪ Oficiales, ayudantes, peones de ayuda que realicen trabajos de albañilería, solados, chapados, impermeabilizaciones, carpinterías, vidrio.

 Aplicación práctica

Se encuentra usted situado en los vestuarios de la obra y se dispone a empezar su jornada laboral y el capataz de la obra le dice que hoy tendrá que subir a la tercera planta del edificio y levantar la fábrica de ladrillo correspondiente a la fachada. ¿Cuáles serían los pasos a seguir para realizar las tareas con la total seguridad y sin riesgos para usted y los demás trabajadores?

SOLUCIÓN

Antes de salir del vestuario se coloca el casco, el arnés y los demás EPI que sean obligatorios para el tipo de trabajo a desempeñar, coge sus herramientas, sube por las escaleras hasta la tercera planta, comprueba las protecciones colectivas, redes, barandillas, etc. En caso de observar alguna anomalía en las protecciones colectivas, avisa al encargado de la seguridad para que revise la zona de trabajo, se cerciora de que la zona de trabajo está totalmente limpia y ordenada, engancha el arnés, ya que va a trabajar en el borde de la planta, y empieza a colocar ladrillos.

Aplicación práctica

Enumere y justifique la señalización, protección individual y medios de protección colectiva requeridos para la ejecución de un pretil de 1 pie de espesor en la 4.ª planta de un edificio.

SOLUCIÓN

- Señalización: se delimitará la zona, evitando en lo posible el paso del personal por la vertical de los trabajos.
- Protección individual: utilizar el casco, zapatos de seguridad, ropa de trabajo y arnés de seguridad, ya que se encuentra en la proximidad de un borde de forjado.
- Protección colectiva: colocar redes elásticas, empleándose para la fijación de las redes soportes del tipo horca pértiga y horca superior. Instalación de protecciones en huecos verticales de los cerramientos exteriores antes de que se realicen estos, empleando barandillas metálicas.

8. Seguridad en herramientas, útiles y manipulación de materiales

El empleo de cualquier herramienta, equipo auxiliar o de los materiales de la obra constituye un factor de riesgo para los obreros, ya que su inadecuado manejo o el mal estado de estos pueden ocasionar accidentes leves y en ocasiones graves. Por ello vamos a dictar una serie de recomendaciones para evitar percances con finales no deseados para todos.

8.1. Herramientas Manuales

En las obras se usan herramientas manuales diariamente para ejecutar la mayoría de las labores. Estas herramientas no suelen ser peligrosas pero durante su uso pueden provocar accidentes de escasa gravedad.

Las causas de los accidentes con herramientas manuales podemos agruparlas en:

- Elección errónea de la herramienta para el tipo de trabajo a realizar.

  - Cada herramienta está diseñada para un uso en concreto y no podemos desempeñar otras tareas con ellas ya que por consiguiente tendríamos algún percance que nos pueda lesionar.

- Uso de herramientas de mala calidad y defectuosas.

  - Las herramientas que no han pasado los controles de calidad suelen tener fallos de diseño o de calidad de sus materiales y pueden ser peligrosas para su uso en la obra.

- Uso incorrecto de las herramientas.

  - Aunque utilicemos la herramienta adecuada y esta sea de muy buena calidad, si no la usamos correctamente según las recomendaciones del fabricante y además no se tiene experiencia en su manejo, podemos tener un accidente muy fácilmente.
  - El transporte de las herramientas debe hacerse en cajas u otro elemento contenedor, y durante su utilización el operario deberá disponer de cinturones porta-herramientas para un uso más rápido y ordenado.

- Conservación y mantenimiento de las herramientas.

  - Como norma general en las obras, se debe tener orden y limpieza en todo el entorno de trabajo y eso conlleva tener las herramientas en el lugar adecuado cuando no se estén usando y así no provocar tropiezos u otros percances relacionados con el desorden.
  - Además de esto es trascendental que las herramientas tengan un mantenimiento periódico, es decir, que estén en buen estado y limpias, y en caso contrario deben ser sustituidas o reparadas.

Recomendaciones específicas para algunas herramientas manuales

A continuación enumeramos los riesgos que conlleva el uso de algunas de las herramientas más frecuentes y añadimos una serie de recomendaciones para que su uso sea el más adecuado teniendo en cuenta tanto la herramienta como el entorno de trabajo.

Martillos

El martillo es una herramienta común en las obras y se usa para multitud de tareas, sobre todo usado conjuntamente con el cincel y para clavar puntillas.

Riesgos

- Inserción inadecuada de la cabeza en el mango, pudiendo salir proyectada.
- Presencia de astillas en el mango que pueden producir heridas en la mano del usuario.
- Golpes inseguros que producen contusiones en las manos.
- Proyección de partículas a los ojos.

El operario protege sus ojos con unas gafas para evitar las partículas procedentes de la pieza a romper, y las manos con guantes para minimizar la acción de roces y golpes.

Recomendaciones

- Comprobar que la herramienta se encuentra en buen estado antes de utilizarla y que el eje del mango queda perpendicular a la cabeza.
- Que el mango sea de madera dura, resistente y elástica.
- Que la superficie del mango esté limpia, sin barnizar y se ajuste fácilmente a la mano.
- Agarrar el mango por el extremo lejos de la cabeza para que los golpes sean seguros y eficaces.
- Asegúrese de que durante el empleo del martillo no se interponga ningún obstáculo o persona en el arco descrito al golpear.
- Utilizar gafas de seguridad cuando se prevea la proyección de partículas al manipular estas herramientas.
- Use un martillo de bola cuando golpee un cincel. Jamás use un martillo sacaclavos porque no está diseñado para golpear un cincel.
- Los cinceles no deben agarrarse a mano limpia. Use una herramienta o un soporte para sostener el cincel.

Pala

Se utiliza para sacar tierra, mover áridos o hacer mezclas de mortero de manera manual. Antes de su uso se debe verificar el estado, revisando los siguientes puntos: estado de la pala (punta), del mango, grietas, astillado, grasas, etc., y remaches del mango.

Riesgos

- Sobreesfuerzos.
- Golpes, astillamiento.
- Golpes con el contacto con otros medios (hormigonera).

El operario se protege con una máscara para evitar la respiración de partículas perjudiciales procedentes de la tarea asignada, y las manos con guantes para minimizar la acción de roces, astillas, y golpes.

Recomendaciones

- Se debe usar siempre guantes para evitar la formación de callosidades o el astillamiento de las manos.
- Cuando se usa una pala, deben moverse los pies y no tanto girar o doblar el cuerpo. Al bajar y subir, hacerlo de forma erguida, doblando las rodillas.
- Se debe mantener un ritmo de trabajo pausado.
- No se debe usar la pala para hacer palanca.
- No deje la pala en el suelo, puede provocar las caídas de otras personas.
- No utilice una pala que tenga el mango suelto, puede provocar heridas en las manos.
- Mantener limpias y en buen estado sus herramientas de trabajo.

 Recuerde

No utilizar herramientas en mal estado, por ejemplo con zonas rotas, astilladas, o con partes desajustadas.

8.2. Manipulación de Materiales

En las obras se está continuamente manipulando materiales, transportándolos del lugar de acopio a la zona de trabajo, en operaciones de limpieza, etc., y, por sus características o condiciones ergonómicas inadecuadas, puede entrañar riesgos para los trabajadores.

Las lesiones más frecuentes son las contusiones, cortes, heridas, fracturas, lesiones en los hombros, brazos y manos, pero se centran la mayoría de las veces en la espalda, en la zona dorso lumbar.

Pueden ser habituales las quemaduras por encontrarse la carga a temperatura elevada o por el roce sobre la piel, arañazos, superficies demasiado rugosas o afiladas; también la contusión por caída de la carga sobre, por ejemplo, el pie, debido a una superficie resbaladiza, presencia de grasa…

El alcance de estas lesiones no suele ser grave pero puede generar muchos días de baja laboral por poseer una larga y difícil curación con periodos de rehabilitación.

A continuación, dictaremos algunas recomendaciones generales para la manipulación manual de cargas:

- Antes de levantar una carga debe verificarse:

    - Tamaño, forma y volumen de la carga, para estudiar la manera más segura de levantarla.
    - Utilizar las ayudas mecánicas precisas. Siempre que sea posible se deberán usar ayudas mecánicas.
    - Solicitar ayuda de otras personas si el peso de la carga es excesivo o se deben adoptar posturas incómodas durante el levantamiento y no se puede resolver por medio de la utilización de ayudas mecánicas.
    - El peso de la carga, verificando que no sea mayor que la capacidad individual.
    - La existencia de puntas o salientes.
    - La necesidad de usar elementos de protección personal.
    - El camino a ser recorrido, si hay obstáculos, lugares resbalosos, etc.

- Al levantar la carga:

  - Los pies deben colocarse separados, a ambos lados de la carga o uno más adelante con respecto al otro. Se aumenta así la base de sustentación.
  - Al bajar deben doblarse las rodillas, manteniendo la cabeza y la columna rectas. No girar el tronco, ni adoptar posturas forzadas.
  - Agarrar firmemente la carga, usando la palma de la mano y todos los dedos.
  - Los brazos deben permanecer extendidos y pegados al cuerpo, realizando la fuerza para levantar la carga solo con las piernas.

 Consejo

Para levantar una carga, al bajar deben doblarse las rodillas, manteniendo la cabeza y la columna rectas. No se debe girar el tronco, ni adoptar posturas forzadas.

- Al transportar la carga:

  - La carga se mantiene cercana al cuerpo.
  - La barbilla metida hacia dentro. La espalda recta.
  - Durante el transporte, mantener la carga centralizada y realizar la fuerza con las piernas.
  - No es conveniente permanecer mucho rato con la carga, o distancias muy largas o muchas veces seguidas. No deben hacerse movimientos bruscos, girar o torcerse transportando una carga pesada.
  - Siguiendo esas recomendaciones, se hará una presión uniforme en los discos entre las vértebras y no causará problemas a la columna.

- Otras recomendaciones:

  - Cuando la carga sea muy pesada, o haya un desnivel, es conveniente que se transporte entre dos personas.
  - No es conveniente transportar una carga pesada solo con una mano. Debe distribuirse en las dos manos.
  - Para evitar un esfuerzo excesivo de los músculos del brazo, cuando tengan que usarse manijas, estas deben permitir colocar los 5 dedos y la palma de la mano.
  - Cuando se transporten sacos de arena, deben levantarse colocándolos sobre el hombro y luego mantenerse con la columna centrada y la espalda recta.

Recomendaciones específicas para algunos medios de manipulación de materiales

Para facilitar el transporte interno de materiales en las obras se usan medios auxiliares tales como carros de manos o el motovolquete (*dumper*), entre otros, y así evitar que los operarios realicen sobreesfuerzos innecesarios. No obstante, para el uso de estos medios auxiliares también se seguirán una serie de recomendaciones.

Carretillas de mano

Equipo de trabajo utilizado para el transporte de materiales, consistente en un receptáculo de forma con una rueda en su parte delantera y mangos en la posterior.

Riesgos:

  - Golpes contra objetos inmóviles.
  - Sobreesfuerzos.

Operario manejando una carretilla de mano en zona de obra.

Recomendaciones:

I Utilizar ruedas de goma.
I El usuario de la carretilla de mano debe llevarla a una velocidad adecuada.
I No está permitido el transporte de personas.
I No sobrecargar la carretilla.
I Distribuir homogéneamente la carga y atarla correctamente si es necesario.
I Dejar margen de seguridad en la carga de materiales líquidos en la carretilla para evitar vertidos.
I Verificar la correcta presión de aire del neumático.

 Importante

No está permitido el transporte de personas en las carretillas de mano.

Motovolquete autopropulsado (dumper)

El dumper se utiliza en las obras para el transporte de materiales de un punto a otro. Está compuesto de un volquete, para cargar y descargar materiales, y es necesario colocar la carga de forma adecuada, para permitir la visibilidad. Posee tracción delantera, y las ruedas traseras son direccionales. El asiento del conductor y sus mandos están ubicados detrás del volquete, sobre las ruedas traseras.

Riesgos

I Atrapamientos.
I Atropellos.
I Vuelcos.
I Ruido.
I Polvo ambiental.
I Los derivados de operaciones de mantenimiento.
I Caídas al subir o bajar de la máquina.
I Vibraciones.

Pequeño dumper para transporte de materiales dentro de la obra.

Recomendaciones

I Comprobar diariamente, antes de iniciar el trabajo, todos los niveles (fluidos hidráulicos, aceites…) y el correcto funcionamiento de todos los sistemas.

▌Seguir las instrucciones del manual del conductor, y especialmente:

    ı Colocar todos los mandos en punto muerto.

    ı Sentarse antes de poner en marcha el motor.

    ı Quedarse sentado al conducir. No subir ni bajar nunca en marcha.

    ı Verificar que las indicaciones de los controles son normales.

    ı Se respetará en todo momento la señalización de la obra.

▌Se establecerán unas vías de circulación cómodas y libres de obstáculos en las cuales se señalizarán las zonas peligrosas. La velocidad estará limitada a 20 km/h.

▌El vehículo estará dotado de luces y bocina de retroceso.

▌En pendiente no se debe cambiar la velocidad ante la posibilidad de que el vehículo quede en punto muerto y pierda tracción. El descenso de pendientes se realizará con una marcha puesta por el mismo motivo.

▌Como norma general, nadie se acercará a una máquina que trabaje, a una distancia menor de 5 m desde el punto más alejado al que la máquina tiene alcance.

▌La máquina deberá estacionarse siempre en los lugares destinados a ello, cuyo suelo será firme y sólido; en invierno no estacionar la máquina en el barro o en charcos de agua, ya que se puede helar.

▌Para parar la máquina, seguir los pasos indicados en el manual del constructor:

    ı Colocar todos los mandos en punto muerto.

    ı Colocar el freno de parada y desconectar la batería.

    ı Quitar la llave de contacto, guardarla y cerrar la puerta de la cabina.

▌Al realizar las entradas o salidas del solar, lo hará con precaución, auxiliado por las señales de un miembro de la obra.

▮ Las maniobras, dentro del recinto de la obra, se harán sin brusquedades, anunciando con antelación las mismas, auxiliándose del personal de la obra.

▮ El estacionamiento del vehículo se realizará con el motor parado y el freno de mano accionado. En el caso de existir pendientes, inevitablemente se calzarán las ruedas. Siempre se retirará la llave de contacto para evitar que personas no autorizadas puedan ponerlo en marcha.

No se deberá estacionar ni circular a distancias menores de 3 m de cortes de terreno, bordes de excavación, laderas, barrancos..., para evitar el vuelco.

Recuerde

En el uso del motovolquete propulsado (dumper), la velocidad estará limitada a 20 km/h.

9. Seguridad en señalización y vallado de obras

En todas las obras, una de las primeras medidas que se debe tomar antes de empezar los trabajos es realizar el vallado de obra para así impedir el acceso de personas no autorizadas y evitar accidentes innecesarios. Este aspecto viene acompañado de una correcta señalización para recalcar la prohibición de acceder si no se está autorizado. Además de esto, la señalización debe hacerse en todo el interior de la obra, marcando todos los puntos peligrosos, las recomendaciones y la obligatoriedad de usar los EPI.

9.1. Señalización

La señalización en la obra es un factor muy importante de cara a la seguridad en el trabajo, ya que con unos métodos de comunicación para avisar a los operarios se evitan riesgos que están presentes en todo el proceso de la construcción.

No obstante hay que matizar algunos aspectos muy importantes de cara a la señalización:

- La señalización nunca elimina el riesgo.
- La señalización nunca dispensa la dotación de medidas correctoras.
- Deberemos poseer formación suficiente y adecuada referente al contenido de las señales.

 Nota

Siempre se debe señalizar la zona de trabajo previo inicio del mismo.

A continuación, expondremos una serie de situaciones de riesgo que hay que evitar por medio de la señalización:

- Empezar la maniobra de un vehículo en el recinto de la obra con expresiones de "dale, vale, ya..." puede generar riesgo y en ocasiones riesgo por mala interpretación.
- Señalización por medio de marcadores que se pueden borrar (tiza, rotulador, etc.).
- Abuso de señales auditivas que saturan el medio.
- Señalización en máquinas con papeles manuscritos.

Tipos de señalización

- Óptica: se aprecia con la vista y posee distintos significados en función de su forma y color:

▌ Prohibición: prohíben el comportamiento.

   ▌ Forma redonda con los bordes rojos, el fondo blanco y una banda transversal en rojo además de un pictograma negro.

▌ Obligación: obligan a un comportamiento determinado.

   ▌ Forma redonda, con coloración azul y pictograma blanco.

▌ Advertencia: advierten del peligro.

   ▌ Forma triangular con borde negro, fondo blanco o amarillo y pictograma negro.

▌ Salvamento: advierten de las zonas de evacuación o emplazamiento de salvamento.

   ▌ Forma rectangular o cuadrada y pictograma blanco con fondo verde.

▌ De equipos de lucha contra incendios.

   ▌ Forma rectangular o cuadrada con pictograma blanco sobre fondo rojo.

PROHIBIDO
EL PASO

USO OBLIGATORIO DE
CASCO

EXTINTOR CO2

RIESGO ELÉCTRICO

BOTIQUÍN

- Señal luminosa: esta deberá generar contraste con el fondo y poseer iluminación uniforme.
- Señales gestuales: consideraremos los movimientos o posiciones de los brazos o de las manos para guiar a las personas sobre todo en el sector de la construcción, para guiar el movimiento de cargas o limitar los riesgos.
- Acústica: señal sonora emitida por medio de un dispositivo:

  - El nivel sonoro debe ser superior al ruido ambiental.
  - Permitirán su adecuada identificación.

- Comunicaciones verbales: comunicación que se establece entre un emisor y un receptor por medio de un código conocido por ambos.
- Olfativa: este sentido es menos perceptible que las respuestas del oído o de la vista, pero se debe tener muy en cuenta.
- Señalización improvisada: será de aplicación ante posibles defectos de la señalización del centro de trabajo:

  - Será cualquier superficie sobre la que se apliquen marcas o letras como advertencia:

    - Los mensajes deben ser breves y concretos.
    - Deben ser factibles en su cumplimiento.
    - Si existe la posibilidad, disponer color de fondo:

      - Color de fondo rojo para indicar peligro.
      - Amarillo para indicar precaución.
      - Verde para indicar seguridad.

 Recuerde

Existen distintos tipos de señales: ópticas, luminosas, gestuales, acústicas, verbales, olfativas e improvisadas.

9.2. Vallado de Obras

En todas las obras de construcción y antes de empezar cualquier trabajo, es necesario llevar a cabo una serie de actuaciones con el fin de garantizar la seguridad de los trabajadores y sobre todo evitar que personas ajenas a la obra entren en esta y se hagan daño.

Por este motivo, una de las primeras actuaciones es el cerramiento de todo el recinto en el cual se va a desarrollar la obra en cuestión, con un vallado perimetral.

El vallado deberá realizarse según planos facilitados por el estudio de seguridad, y las condiciones mínimas que deberá tener son:

- Será un cerramiento lo suficientemente estable, realizado con chapas metálicas, vallas homologadas, bloques, etc.
- Tendrá 2 metros de altura mínima.
- Dispondrá de una puerta para acceso de vehículos de 4 metros de anchura y puerta independiente para acceso del personal, señalizando cuál es cada una para evitar confusiones.
- Si hay riesgo de caída de objetos, la entrada peatonal dispondrá de una marquesina.
- Iluminación en puntos de riesgo mediante luces intermitentes.
- Deberá presentar como mínimo la señalización de:

  - Prohibido aparcar en la zona de entrada de vehículos.
  - Prohibido el paso de peatones por la entrada de vehículos.
  - Zona de entrada y salida de vehículos.
  - Obligatoriedad del uso del casco y protecciones individuales en la obra.
  - Prohibición de entrada a toda persona ajena a la obra.
  - Cartel de obra.

Además del vallado perimetral, se dispondrá de una serie de casetas de obra, que irán ubicadas en el lugar más idóneo según los planos del estudio de seguridad, destinadas para los trabajadores, tales como vestuarios, aseos, comedor, almacenes, oficinas, botiquín de primeros auxilios, etc., dotadas de todo el equipamiento necesario.

Recuerde

El vallado perimetral de una obra debe tener una altura mínima de 2 metros.

10. Seguridad en instalaciones y equipos eléctricos

Para una correcta ejecución de las obras es imprescindible el uso de instalaciones provisionales y equipos accionados con energía eléctrica. El uso de estos elementos suele venir acompañado de unos factores de riesgo que deben ser prevenidos para evitar accidentes; y para ello indicaremos una serie de recomendaciones a seguir para su correcto uso.

10.1. Seguridad en instalaciones

Todas las obras dispondrán de instalaciones provisionales, energía eléctrica, agua y desagües, pero quizás la instalación que entraña más peligro para los trabajadores es la eléctrica, la cual vamos a analizar a continuación.

La instalación eléctrica provisional deberá cumplir el REBT-ICT-BT-33 referido a las instalaciones provisionales de obra. Esta instalación se encuentra normalmente en el exterior y por tanto está sometida a condiciones climatológicas adversas. Por tanto, deberá estar ubicada en lugares donde esté lo más protegida posible, a una altura considerable del suelo, y se dispondrá de una tarima de madera para que el operario autorizado manipule los interruptores, evitando así los encharcamientos del suelo. Las características del cuadro general serán:

- El armario será metálico, dotado de toma de tierra, con señal de peligro por electrocución y cerrado con llave.
- Interruptor de corte omnipolar accesible desde el exterior.
- Interruptor diferencial de 30 mA para alumbrado y de 300 mA para fuerza.
- Pica de puesta a tierra.
- Circuitos correctamente denominados.
- Las tomas de corriente estarán en el lateral del cuadro, con colores distintos para diferentes potencias.

En cuanto a las mangueras eléctricas, deberán cumplir las siguientes condiciones:

- El aislamiento mínimo será de 1.000 V.
- Se evitará que las mangueras sean pisadas por los vehículos, para ello se colgarán a una altura que no entorpezca el paso de los vehículos o se enterrarán mediante canaletas.
- Las conexiones de las herramientas se realizarán con clavijas de conexión homologadas.
- Si se realizan empalmes, se hará con cajas de empalmes o con alargadores con conectores especiales antihumedad.

 Nota

Las instalaciones provisionales deben señalizarse según los planos de señalización.

10.2. Seguridad en equipos eléctricos

En el proceso de ejecución de ciertas tareas en la obra se usan pequeñas herramientas accionadas por energía eléctrica como taladros, amoladoras, rozadoras, cepilladoras metálicas, sierras, etc., que son indispensables para realizar el trabajo de manera más rápida y eficiente; pero a su vez pueden ser peligrosas si no se usan correctamente y con las medidas de seguridad adecuadas.

Estos equipos generan accidentes similares a los de las herramientas manuales anteriormente explicados, pero en este caso su virulencia y grado de lesión suele ser mayor.

A continuación citaremos los riesgos más frecuentes que originan estos equipos:

- Lesiones provocadas por contactos eléctricos debidos al mal estado del cableado o del equipo en sí.
- Lesiones originadas por la proyección de partículas a gran velocidad, especialmente las oculares.
- Alteraciones de la función auditiva como consecuencia del ruido que generan.
- Lesiones osteomusculares derivadas de las vibraciones que producen.
- Cortes, quemaduras, golpes, etc.

Recomendaciones específicas para algunas herramientas eléctricas

Rozadora eléctrica

La rozadora es un equipo eléctrico que se utiliza para abrir regolas o canales en los tabiques o muros de ladrillo para la posterior colocación de instalaciones eléctricas o de agua.

Riesgos

- Contacto con la energía eléctrica.
- Erosiones en las manos.
- Golpes por fragmentos en el cuerpo.
- Cortes.
- Caídas por el escombro que produce sobre materiales.
- Los derivados de la rotura del disco.
- Los derivados de los trabajos con polvo ambiental.
- Los derivados del trabajo con producción de ruido.

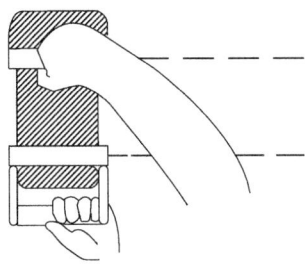

Recomendaciones

ı En primer lugar, utilizar las protecciones individuales: casco, ropa de trabajo, guantes de seguridad, botas de seguridad, gafas de seguridad antiproyecciones, protectores auditivos y máscara antipolvo.

ı Elegir siempre el disco adecuado para el material a rozar.

ı No intente rozar en zonas poco accesibles ni en posición inclinada lateralmente; el disco puede fracturarse y producirle lesiones.

ı No golpee con el disco al mismo tiempo que corta, por ello no va a ir más deprisa.

ı Sustituya inmediatamente los discos gastados o agrietados.

ı No desmonte nunca la protección normalizada de disco ni corte sin ella.

ı El equipo deberá estar protegido eléctricamente mediante doble aislamiento.

ı El suministro eléctrico a la rozadora se efectuará mediante manguera antihumedad a partir del cuadro general, dotado con clavijas estancas.

ı El uso de máquinas-herramientas debe ser realizado por el personal autorizado para evitar accidentes por impericia.

ı No se deben dejar las herramientas eléctricas de corte o taladro abandonadas en el suelo, o en marcha, aunque sea con movimiento residual, para evitar accidentes.

 **Consejo**

Al utilizar una rozadora eléctrica, no golpee con el disco al mismo tiempo que corta, por ello no va a ir más deprisa.

Radiales o amoladoras

Las radiales son equipos portátiles que se utilizan para cortar, desbastar y pulir, especialmente en los trabajos de mampostería y metal.

Riesgos

- Golpes y/o cortes tanto con la propia máquina (principalmente con el disco) como con el material a trabajar.
- Atrapamientos con partes móviles de la máquina.
- Proyección de fragmentos o partículas (virutas, esquirlas, etc.).
- Inhalación del polvo producido en las operaciones de amolado.
- Ruido y vibraciones.
- Contactos eléctricos tanto directos como indirectos.
- Golpes al trabajar con piezas inestables.
- Caída de personas al mismo nivel.

Ejemplo de corte con pequeña radial

Recomendaciones

- En primer lugar, utilizar las protecciones individuales: casco, ropa de trabajo, guantes de seguridad, botas de seguridad, gafas de seguridad antiproyecciones, protectores auditivos y máscara antipolvo.
- Dependiendo del material a trabajar, se elegirá la máquina, disco y elementos auxiliares adecuados.
- No sobrepasar la velocidad de rotación prevista e indicada en la muela.
- Se utilizará un diámetro de muela compatible con la potencia y características de la máquina.
- Situar la empuñadura lateral en función del trabajo a realizar.
- Cuando se trabaja con piezas de pequeño tamaño o en equilibrio inestable, asegurarlas antes de comenzar los trabajos.
- Las amoladoras, así como cualquier otra herramienta portátil, tendrán un sistema de protección contra contactos indirectos por doble aislamiento.
- Su órgano de accionamiento permitirá su total parada con seguridad y su accionamiento se hará de forma voluntaria, imposibilitando el accionamiento involuntario.
- Protección de la muela con pantalla protectora.
- Comprobar el estado de la muela antes de su uso.
- Evitar cuerpos extraños entre la muela y la pantalla protectora.
- Comprobar la parada total de la máquina antes de depositarla, para evitar movimientos incontrolados del disco.
- No utilizar la máquina en posturas que obliguen a mantenerla por encima del nivel de los hombros.

 Recuerde

El uso de máquinas-herramientas debe ser realizado por el personal autorizado para evitar accidentes por impericia.

11. Seguridad en utilización de andamios, plataformas y escaleras

Los medios auxiliares tales como andamios, plataformas y escaleras deben reunir una serie de características, como su homologación con marcado CE o certificados de calidad que certifiquen que se pueden utilizar en las condiciones de la obra. Algunos medios auxiliares, como los andamios, en muchas ocasiones deben tener su propio estudio de seguridad y utilización. A continuación explicaremos una serie de recomendaciones para su correcto uso en obra.

11.1. Seguridad en utilización de Andamios

Los andamios son estructuras metálicas que suelen utilizarse en las obras, como medio auxiliar para facilitar el trabajo a los operarios en zonas de difícil acceso. Hay distintos tipos de andamios: los andamios colgados, los especiales de sujeción de fachadas, los metálicos modulares, etc., y dependiendo del trabajo que haya que desempeñar se utilizarán de un tipo o de otro.

Los andamios solo podrán ser montados o desmontados bajo la dirección de un técnico habilitado para ello y por trabajadores que hayan recibido la formación adecuada en el montaje y desmontaje de andamios.

Riesgos

- Caídas a distinto nivel (al entrar o salir).
- Caídas al mismo nivel.
- Desplome del andamio.
- Desplome o caída de objetos.
- Golpes por objetos o herramientas.
- Atrapamientos.
- Otros.

Andamio tubular con rodapié anclado a fachada

Recomendaciones

▪ Los andamios siempre se arriostrarán para evitar los movimientos indeseables que pueden hacer perder el equilibrio a los trabajadores.

▪ Antes de subirse a una plataforma andamiada deberá revisarse toda su estructura.

▪ Los tramos verticales (módulos o pies derechos) de los andamios se apoyarán sobre tablones de reparto de cargas.

▪ Los pies derechos de los andamios en las zonas de terreno inclinado se suplementarán mediante tacos o porciones de tablón, trabadas entre sí y recibidas al durmiente de reparto.

▪ Las plataformas de trabajo tendrán un mínimo de 60 cm de anchura y estarán firmemente ancladas a los apoyos, de tal forma que se eviten los movimientos por deslizamiento o vuelco.

▪ Las plataformas de trabajo, independientemente de la altura, poseerán barandillas perimetrales completas de 90 cm de altura, formadas por pasamanos, barra o listón intermedio y rodapiés, y permitirán la circulación e intercomunicación necesaria para la realización de los trabajos.

▪ Los tablones que formen las plataformas de trabajo estarán sin defectos visibles, con buen aspecto y sin nudos que mermen su resistencia. Estarán limpios, de tal forma que puedan apreciarse los defectos por uso, y su canto será de 7 cm como mínimo.

▮ Se prohíbe abandonar en las plataformas, sobre los andamios, materiales o herramientas. Pueden caer sobre las personas o hacerles tropezar y caer al caminar sobre ellas.

▮ Se prohíbe arrojar escombros directamente desde los andamios. El escombro se recogerá y se descargará de planta en planta, o bien se verterá a través de trompas.

▮ Se prohíbe fabricar morteros (o asimilables) directamente sobre las plataformas de los andamios.

▮ La distancia de separación de un andamio y el paramento vertical de trabajo no será superior a 30 cm, en prevención de caídas.

▮ Se prohíbe expresamente correr por las plataformas sobre andamios, para evitar los accidentes por caída.

▮ Se prohíbe "saltar" de la plataforma andamiada al interior del edificio; el paso se realizará mediante una pasarela instalada para tal efecto.

▮ Los andamios se inspeccionarán diariamente por el Capataz, Encargado o Servicio de Prevención, antes del inicio de los trabajos, para prevenir fallos o faltas de medidas de seguridad.

▮ Los elementos que denoten algún fallo técnico o mal comportamiento se desmontarán de inmediato para su reparación (o sustitución).

▮ Es obligatorio el uso de cinturón de seguridad anclado a un elemento sólido a partir de dos metros de altura.

▮ Uso obligatorio de equipos de protección individual, tales como casco, ropa de trabajo, guantes de seguridad, botas de seguridad o calzado antideslizante, cinturón de seguridad, clases y ropa de trabajo o trajes para ambientes lluviosos.

Aplicación práctica

Se encuentra usted colocando ladrillos en la primera planta de un edificio en construcción y, procediendo con todas las medidas de seguridad tanto individuales como colectivas, observa a dos compañeros recogiendo escombros en la planta baja justo debajo de donde usted está trabajando, sin cascos y distraídos mirando una muchacha que pasa por la calle. Dada la situación, ¿qué haría usted?

SOLUCIÓN

Avisa a sus compañeros de que deben ponerse el casco de inmediato, y retirarse de esa zona mientras se esté trabajando en plantas superiores con riesgo de caída de objetos. Y en caso de que sus compañeros omitan su recomendación, avisa inmediatamente al encargado de la obra o de la seguridad, de la situación de peligro que se está produciendo, ya que la seguridad es responsabilidad de todos.

11.2. Seguridad en utilización de plataformas

Las plataformas elevadoras móviles de personal son equipos que se usan para trasladar a los operarios hasta un lugar de trabajo inaccesible; está formada por una plataforma de trabajo con mandos para su manipulación, un chasis y una estructura extensible a modo de tijeras o telescópica. Existen plataformas sobre camión articuladas y telescópicas, autopropulsadas de tijera y autopropulsadas articuladas o telescópicas.

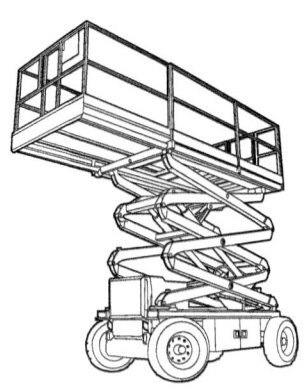

Riesgos

I Caídas de los operarios a distinto nivel debidas a estar situada la plataforma sobre una superficie inclinada o en mal estado, falta de estabilizadores, etc., y por la ausencia de barandillas de seguridad en el perímetro de la plataforma.

I Vuelco del equipo debido a estar situado sobre una superficie inclinada o en mal estado, falta de estabilizadores, etc., y por la sobrecarga de la plataforma de trabajo respecto a su resistencia máxima permitida.

I Caída de materiales sobre personas y/o bienes debido a herramientas sueltas o materiales dejados sobre la superficie y personas situadas en las proximidades de la zona de trabajo o bajo la vertical de la plataforma.

I Golpes, choques o atrapamientos del operario o de la propia plataforma contra objetos fijos o móviles.

I Caídas al mismo nivel debido a la falta de orden y limpieza en la superficie de la plataforma de trabajo.

I Contactos eléctricos directos o indirectos.

Recomendaciones

I La plataforma estará equipada con barandillas a una altura mínima de 0,90 m y dispondrá de una protección que impida el paso o deslizamiento por debajo de las mismas o la caída de objetos sobre personas.

I Tendrá una puerta de acceso con cierre y bloqueo automático y que impida todo movimiento de la plataforma mientras no esté en posición cerrada y bloqueada.

I El suelo debe ser antideslizante y permitir la salida del agua.

I Deberá disponer de puntos de enganche para poder anclar los cinturones de seguridad o arneses.

I Debe estar equipada con un avisador sonoro y con un sistema de paro de emergencia fácilmente accesible que desactive todos los sistemas de accionamiento de una forma efectiva.

I El motor debe estar protegido y su apertura solo se podrá realizar con llaves especiales y por personal autorizado.

▮ Antes de utilizar la plataforma se debe hacer una inspección para detectar posibles defectos o fallos que puedan afectar a su seguridad.

▮ Comprobar la posible existencia de conducciones eléctricas de A.T. en la vertical del equipo. Hay que mantener una distancia mínima de seguridad, aislarlas o proceder al corte de la corriente mientras duren los trabajos en sus proximidades.

▮ Comprobar el estado y nivelación de la superficie de apoyo del equipo.

▮ Comprobar que el peso total situado sobre la plataforma no supera la carga máxima de utilización.

▮ No sobrecargar la plataforma de trabajo.

▮ No utilizar la plataforma como grúa.

▮ No sujetar la plataforma o el operario de la misma a estructuras fijas.

▮ Cuando se esté trabajando sobre la plataforma el o los operarios deberán mantener siempre los dos pies sobre la misma.

▮ No se deben utilizar elementos auxiliares situados sobre la plataforma para ganar altura.

Recuerde

La plataforma deberá disponer de puntos de enganche para poder anclar los cinturones de seguridad o arneses.

11.3. Seguridad en utilización de escaleras de mano

La escalera manual es un aparato portátil que sirve para que el obrero suba o baje de un nivel a otro. Podemos encontrar distintos tipos: escalera simple de un tramo, escalera doble de tijera, extensible, transformable y mixta con rótula.

Riesgos

I Caída de personas a distinto nivel.
I Caída de personas al mismo nivel.
I Atrapamientos.

Recomendaciones

I Preferentemente serán metálicas y sobrepasarán siempre en 1 m la altura a salvar una vez puestas en la posición correcta.
I Cuando sean de madera, los peldaños serán ensamblados y no solamente clavados, y los largueros serán de una sola pieza.
I En caso de pintarse, se hará con barnices transparentes que no oculten posibles defectos que puedan comprometer su resistencia.
I Se apoyarán en superficies planas y resistentes y su alrededor deberá estar despejado.
I En cualquier caso deben disponer de zapatas antideslizantes en su extremo inferior y estarán fijadas con garras o ataduras en su extremo superior para evitar deslizamientos.
I Las escaleras de mano no podrán salvar más de 5 m, a menos que estén reforzadas en su centro, quedando prohibido el uso de escaleras de mano para alturas superiores a 7 m.
I Para cualquier trabajo en escaleras a más de 3 m sobre el nivel del suelo es obligatorio el uso de cinturón de seguridad sujeto a un punto sólidamente fijado.
I La separación a la pared en la base será un cuarto de la altura total.
I El ascenso y descenso por escaleras de mano se hará siempre de frente a las mismas.
I No se transportarán a brazo cargas superiores a 25 kg.

∎ Solamente se deberán efectuar trabajos ligeros desde las escaleras. No se debe tratar de alcanzar una superficie alejada, sino cambiar de sitio la escalera.

∎ Las escaleras de tijera estarán provistas de cuerdas o cadenas que impidan su abertura al ser utilizadas y topes en su extremo inferior.

12. Seguridad en operación de maquinillos, montacargas, grúas y cintas transportadoras

Los equipos de elevación deben extremar las medidas de seguridad de manera muy eficaz ya que constituyen los equipos de mayor riesgo de accidente debido al mal uso de los operarios. Las grúas torre, por ejemplo, deben tener su propio estudio de seguridad y de montaje y además deben ser manejadas por un gruísta con la formación adecuada y la experiencia avalada.

 Nota

Para el uso de una grúa torre es obligatorio estar en posesión de carnet de gruista.

12.1. Seguridad en operación de maquinillos

El maquinillo es un equipo formado por un cabrestante accionado por motor eléctrico. Se utiliza para la elevación de pequeñas cargas; su capacidad de elevación no supera los 350 kg.

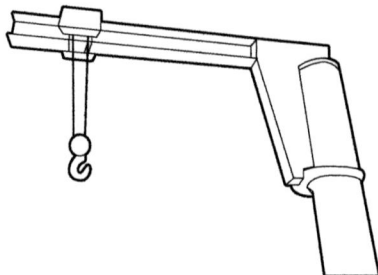

Croquis de la parte superior de un posible maquinillo

Riesgos

- Caída de personas a distinto nivel.
- Caída de objetos o herramientas en manipulación.
- Caída de objetos o herramientas suspendidos.
- Choques y golpes contra objetos inmóviles y móviles.
- Golpes y cortes por objetos, máquinas y/o herramientas.
- Atrapamiento o aplastamiento por o entre objetos o máquinas.
- Contactos eléctricos.
- Sobreesfuerzos, posturas inadecuadas o movimientos repetitivos.

Recomendaciones

- El anclaje del maquinillo al forjado se realizará mediante tres bridas pasantes por cada apoyo, que atravesarán el forjado abrazando las viguetas (o nervios de los forjados reticulares).
- El anclaje del maquinillo al forjado se realizará mediante tres bulones pasantes por cada apoyo, atornillados a unas placas de acero para el reparto de cargas en la cara inferior del forjado.
- El anclaje del maquinillo se dispondrá sobre seis tramos de longitud uniforme de tablones de reparto de cargas (dos por anclaje) que transmitan el esfuerzo a soportar, por la zona de bovedillas, a las viguetas colindantes.
- No se permite la sustentación de los maquinillos por contrapeso (bidones de agua, sacos de arena, etc.), excepto aquellos contrapesos que específicamente vengan indicados y suministrados por el fabricante (pesas metálicas, bloques de hormigón, etc.).

▌Los maquinillos estarán dotados de:

ꞁ Dispositivo limitador del recorrido de la carga en marcha ascendente.
ꞁ Gancho con pestillo de seguridad.
ꞁ Carcasa protectora de la maquinaria con cierre efectivo para el acceso a las partes móviles internas.

▌Los lazos de los cables utilizados para izado se formarán con tres bridas y guardacabos.

▌En todo momento podrá leerse la carga máxima autorizada para izar, que coincidirá con la marcada por el fabricante del maquinillo.

▌La toma de corriente de los maquinillos se efectuará mediante un conducto eléctrico antihumedad especialmente destinado para ello.

▌Se revisará periódicamente el buen estado de la puesta a tierra de la carcasa de los maquinillos.

▌Se prohíbe izar o desplazar cargas con el maquinillo mediante tirones sesgados, por ser maniobras inseguras y peligrosas.

▌Se realizarán cada semana las operaciones de mantenimiento de los maquinillos, desconectándolos previamente de la red eléctrica.

▌Se prohíbe terminantemente circular o situarse bajo cargas suspendidas.

▌Al finalizar la jornada laboral se pondrán los mandos a cero, no se dejarán cargas suspendidas y se desconectará la corriente eléctrica en el cuadro secundario.

▌Los soportes de los maquinillos estarán dotados de barras laterales de ayuda a la realización de las maniobras.

▌Se instalará una argolla de seguridad, cable de seguridad o asimilable (independiente del maquinillo), donde anclar el fiador del cinturón de seguridad del operario encargado del manejo del maquinillo.

▌Se instalará junto a cada maquinillo una señal con la leyenda "SE PROHÍBE ANCLAR EL CINTURÓN DE SEGURIDAD A ESTE MAQUINILLO".

∎ Se acotará la zona de carga en planta, en un entorno de 5 metros en prevención de daños por desprendimientos de objetos durante el izado.

∎ No permanecerá nadie en la zona de seguridad descrita en el punto anterior durante la maniobra de izado o descenso de cargas.

∎ Se instalará una señal de "PELIGRO CAÍDA DE OBJETOS" junto a la "zona de seguridad para carga y descarga" mediante maquinillo.

12.2. Seguridad en operación de montacargas

El montacargas es un equipo de elevación que se usa para elevar el material hacia las plantas superiores de la obra. Consta de una plataforma que se desliza a través de guías metálicas dispuestas al efecto en la pared del edificio y su desplazamiento es parecido al de un ascensor convencional.

 Nota

Hay dos tipos de montacargas: unos que pueden transportar materiales y personas y otros de uso exclusivo para transportar materiales.

Riesgos

∎ Golpes.
∎ Atrapamientos.
∎ Caída de personas a distinto nivel.
∎ Caída de objetos.
∎ Contactos con la corriente eléctrica.
∎ Sobreesfuerzos.
∎ Cortes.

Montacargas metálico para la elevación de material a planta

Recomendaciones

▪ Existirá de forma visible en todos los accesos el cartel "PRO-HIBIDO EL USO POR PERSONAS" en el caso de que sea un montacargas exclusivo para transportar materiales.

▪ Todas las zonas de embarco y desembarco batidas por los montacargas deberán protegerse con barandillas o barreras con el fin de impedir la accidental caída al vacío de personal, siendo la del frente preferentemente automática, de forma que hasta que esta no se cierre (en cada planta) no funcione el montacargas.

▪ Limitadores de recorrido inferior y superior.

▪ Placa informativa en todos los accesos de la carga máxima útil en kilogramos, la cual debe ser fácilmente visible.

▪ Todos los elementos mecánicos agresivos como engranajes, poleas, cables, tambores de enrollamiento, etc., deberán tener carcasa de protección eficaz que evite el riesgo de atrapamiento.

▪ Las plataformas estarán dotadas en los laterales de cartolas que impidan la caída de materiales.

▪ Es necesario que todas las cargas de elementos pequeños vayan en carros con el fin de extraerlas sin acceder a la plataforma.

▪ Puesta a tierra de las masas metálicas y de las guías y protección de la instalación eléctrica con disyuntor diferencial de 300 mA.

❚ Los montacargas deben ir dotados al menos de las siguientes medidas de seguridad:

ı Aro salvavidas inferior, de forma que al tropezar en el descenso con algún obstáculo que ofrezca la más mínima resistencia, pare la plataforma.

ı Sistema paracaídas, para que en caso de rotura del cable entre en funcionamiento y pare el descenso de la plataforma.

ı Freno en la reductora, por aceleramiento indebido de la cabina (aun cuando no haya rotura del cable).

12.3. Seguridad en operación de grúas

La grúa torre es un tipo de grúa de estructura metálica desmontable alimentada por corriente eléctrica que se utiliza en las obras, sobre todo en las de gran envergadura. Deben ser manejadas por operarios que hayan recibido la formación adecuada y experiencia demostrable.

 Nota

Se pueden clasificar en fijas o móviles y, dependiendo de su pluma, en horizontal y abatible.

Riesgos

❚ Rotura del cable o gancho.
❚ Caída de la carga.
❚ Electrocución por defecto de puesta a tierra.
❚ Caídas en altura de personas por empuje de la carga.
❚ Golpes y aplastamientos por empuje de la carga.
❚ Ruina de la máquina por viento, exceso de la carga, arriostramiento deficiente, etc.

▌Atrapamientos.

▌Cortes.

▌Sobreesfuerzos.

Las grúas permiten colocar el material desde su acopio hasta cualquier punto de la obra dentro de su rango de acción ya que puede desplazar la carga en altura y en diferentes direcciones. Esto es posible ya que además de poder desplazar la carga de forma vertical, puede girar sobre su propio eje y permitir el movimiento horizontal de la carga a lo largo del mástil metálico.

Recomendaciones

▌El gancho de izado dispondrá de limitador de ascenso, para evitar el descarrilamiento del carro de desplazamiento. Así mismo, estará dotado de pestillo de seguridad en perfecto uso.

▌El hormigón solera de cimentación de la grúa torre sobresaldrá lateralmente como mínimo 80 cm en la intención de dotarla de mayor estabilidad.

▌Estará dotada de escalerilla de ascensión a la corona, protegida con anillos de seguridad para disminuir el riesgo.

▌Las plataformas para elevación de material cerámico dispondrán de un rodapié de 20 cm, colocando la carga bien repartida, para evitar deslizamientos.

▌Para elevar palés, se dispondrán eslingas simétricas por debajo de la plataforma de madera, no colocando nunca el gancho de la grúa, sobre el fleje de cierre del palé.

❙ En ningún momento se efectuarán tiros sesgados de la carga, ni se hará más de una maniobra a la vez.

❙ La maniobra de elevación de la carga será lenta, de manera que si el maquinista detectase algún defecto, depositará la carga en el origen inmediatamente.

❙ Antes de utilizar la grúa, se comprobará el correcto funcionamiento del giro, el desplazamiento del carro, y el descenso y elevación del gancho.

❙ La pluma de la grúa dispondrá de carteles suficientemente visibles, con las cargas permitidas.

❙ Todos los movimientos de la grúa se harán desde la botonera, realizados por persona competente, auxiliado por el señalista.

❙ Dispondrá de un mecanismo de seguridad contra sobrecargas, y es recomendable, si se prevén fuertes vientos, instalar un anemómetro con señal acústica para 60 km/h, cortando la corriente a 80 km/h.

❙ El ascenso a la parte superior de la grúa se hará utilizando el dispositivo de paracaídas, instalado al montar la grúa.

❙ El Delegado de Prevención realizará una inspección semanal, del estado de seguridad de los cables de izado de la grúa; dará cuenta, a la Dirección Facultativa o Jefatura de obra, del chequeo realizado.

❙ Los cables de sustentación de cargas que presenten un 10 % de hilos rotos serán sustituidos de inmediato, dando cuenta de ello a la Dirección Facultativa o Jefatura de obra.

❙ La grúa torre a utilizar en la obra estará dotada de ganchos de acero normalizados, con rótulo de carga admisible máxima y pestillo de seguridad.

❙ Se prohíbe en la obra la suspensión o transporte aéreo de personas mediante el gancho de la grúa torre.

❙ En caso de tormentas en la obra, se procederá como sigue:

  ❘ Se paralizarán los trabajos con la grúa torre.
  ❘ Se dejará la grúa en estación, con los aprietos de inmovilización torre-vía instalados.
  ❘ Se izará el gancho libre de cargas, junto a la torre.
  ❘ Se procederá a dejar la pluma en veleta.

▎Al finalizar cualquier período de trabajo (mañana, tarde, fin de semana), se realizarán en la grúa torre las siguientes maniobras:

ı Izar el gancho libre de cargas a tope junto al mástil.

ı Dejar la pluma en posición veleta.

ı Poner los mandos a cero.

ı Desconectar la energía eléctrica. Esta maniobra implica la desconexión previa del suministro eléctrico de la grúa en el cuadro general de la obra.

▎Se considera "zona de riesgo potencial" por la existencia de grúa torre el radio de la pluma de la grúa.

▎Los gruístas o maquinistas para manejar las grúas torre demostrarán su capacidad profesional.

▎Se prohíbe expresamente, para prevenir el riesgo de caídas de los gruístas, que trabajen sentados en los bordes de los forjados o encaramándose sobre la estructura de la grúa.

▎A los maquinistas que deban manejar grúas torre se les comunicará por escrito la siguiente normativa de actuación:

ı Sitúese en una zona de la construcción que le ofrezca la máxima seguridad, comodidad y visibilidad; evitará accidentes.

ı Si se debe trabajar al borde de forjados o de cortes del terreno, pida que le instalen puntos fuertes a los que amarrar el cinturón de seguridad. Estos puntos deben ser ajenos a la grúa, de lo contrario si la grúa cae, caerá usted con ella.

ı No trabaje encaramado sobre la estructura de la grúa.

ı En todo momento debe tener la carga a la vista para evitar accidentes; en caso de quedar fuera de su campo de visión, solicite la colaboración de un señalista.

ı Evite pasar cargas suspendidas sobre los tajos con hombres trabajando. Si debe realizar maniobras sobre los tajos, avise para que sean desalojados.

ı No trate de realizar ajustes en la botonera o en el cuadro eléctrico de la grúa. Avise de las anomalías al Delegado de Prevención para que sean revisadas.

ı No permita que personas no autorizadas accedan a la botonera, al cuadro eléctrico o a la estructura de la grúa.

ı Si su puesto de trabajo está en el interior de una cabina en lo alto de la torre, suba y baje de ella provisto siempre de un cinturón de seguridad.

ı Elimine de su dieta las bebidas alcohólicas.

ı Si debe manipular por cualquier causa el sistema eléctrico, cerciórese primero de que está cortado en el cuadro general, y colgado del interruptor un letrero con la siguiente leyenda: "NO CONECTAR, HOMBRES TRABAJANDO EN LA GRÚA".

ı No intente izar cargas que por alguna causa estén adheridas al suelo. Puede hacer caer la grúa.

ı No intente balancear la carga para facilitar su descarga en las plantas. Pone en riesgo de caída a sus compañeros que la reciben.

ı Cuando interrumpa por cualquier causa su trabajo, eleve a la máxima altura posible el gancho. Ponga el carro portor lo más próximo posible a la torre; deje la pluma en veleta y desconecte la energía eléctrica.

ı No deje suspendidos objetos del gancho de la grúa durante las noches o fines de semana.

ı No eleve cargas mal flejadas, pueden desprenderse sobre sus compañeros.

ı Comunique inmediatamente al Delegado de Prevención la rotura del pestillo de seguridad del gancho, para su reparación inmediata y deje entre tanto la grúa fuera de servicio.

ı No rebase la limitación de carga prevista para la grúa.

ı No ice ninguna carga, sin haberse cerciorado de que están instalados los aprietos chasis-vía. Considere siempre que esta acción aumenta la seguridad de la grúa.

 **Recuerde**

La maniobra de elevación de la carga será lenta, de manera que si el maquinista detectase algún defecto, depositará la carga en el origen inmediatamente.

 Nota

La carga debe asegurarse antes de su movimiento mediante eslingas o pinzas según el caso.

12.4. Seguridad en cintas transportadoras

La cinta transportadora es un equipo poco común en las obras pero se suele utilizar cuando las obras son de gran envergadura, acompañada de los silos para fabricar el hormigón en la propia obra.

Su función principal es la de transportar los áridos a través de la cinta desde el suelo hasta la boca de entrada de material de los silos.

Cinta transportadora apoyada sobre estructura metálica

Riesgos

- Caída de personas a diferente y al mismo nivel.
- Caída de objetos por desplome.
- Caída de objetos en manipulación.
- Golpes/cortes por objetos o herramientas.
- Proyección de fragmentos o partículas.
- Atrapamiento.
- Sobreesfuerzos.
- Contactos eléctricos.
- Polvo, ruido, etc.

Recomendaciones

- Los mandos de la cinta transportadora deberán estar visibles, con indicaciones y señalizados adecuadamente, además de estar situados fuera de las zonas peligrosas.
- Los mandos deben estar dispuestos y protegidos de manera que se impida un accionamiento involuntario (propio del operador, otra persona, caída de objetos, etc.).
- La cinta de transporte debe disponer de parada de emergencia.
- Los rodillos de la cinta transportadora deben estar protegidos mediante una carcasa que impida el acceso.
- Toda la instalación eléctrica de la cinta transportadora deberá estar protegida de manera que se impida poder contactar con ella.
- Para evitar los contactos eléctricos indirectos, deberá tener un circuito de protección por puesta a tierra.
- Los operarios que usan la cinta transportadora deberán utilizar los EPI recomendados para este tipo de máquinas: casco, orejeras, gafas antiproyección, etc.
- La ubicación en la zona de la cinta transportadora debe ser la correcta, evitando el paso de los obreros por la zona de trabajo de la máquina.
- El operario de la cinta transportadora debe tener la suficiente preparación y conocimiento sobre el manejo de la máquina, así como la formación e información sobre los riesgos laborales que entraña dicha máquina.

Recuerde

Los mandos de la cinta transportadora deben estar dispuestos y protegidos de manera que se impida un accionamiento involuntario (propio del operador, otra persona, caída de objetos, etc.).

13. Seguridad en hormigoneras, amasadoras y cortadoras mecánicas

Las hormigoneras son uno de los equipos indispensables en todo tipo de obras y son utilizadas durante todo el proceso constructivo, con lo cual hay que tener en cuenta las recomendaciones de uso, sobre todo a la hora de administrarles el material para su mezcla. Las amasadoras tienen una función similar a las hormigoneras, y las cortadoras mecánicas se usan sobre todo para cortar materiales cerámicos y pétreos, tendiendo estas máquinas a ser peligrosas si no se usan de manera adecuada.

13.1. Seguridad en Hormigoneras

La hormigonera es un equipo que se utiliza en la obra para la fabricación de hormigón y mortero previo mezclado de diferentes componentes tales como áridos de distinto tamaño y cemento básicamente. Se compone de un chasis sobre el cual se apoya un depósito cilíndrico que gira debido a la acción de un motor eléctrico o de gasolina y un volante para bascular el material.

Hormigonera de obra con ruedas para su fácil transporte dentro de la obra. Muy usada para la ejecución de morteros de albañilería y revestimientos.

Riesgos

- Sobreesfuerzos.
- Electrocución.
- Golpes con objetos móviles.
- Atrapamientos con órganos móviles.
- Caídas al mismo nivel (superficies embarradas).
- Polvo ambiental.
- Ruido ambiental.

Recomendaciones

- Las hormigoneras se ubicarán en los lugares reseñados para tal efecto en los "planos de organización de obra".
- Las hormigoneras a utilizar en la obra tendrán protegidos mediante una carcasa metálica los órganos de transmisión (correas, corona y engranajes), para evitar los riesgos de atrapamiento.
- Las carcasas y demás partes metálicas de las hormigoneras estarán conectadas a tierra.
- La botonera de mandos eléctricos de la hormigonera lo será de accionamiento estanco, en prevención del riesgo eléctrico.
- Las operaciones de limpieza directa-manual se efectuarán previa desconexión de la red eléctrica de la hormigonera, para previsión del riesgo eléctrico y de atrapamientos.

▪ Las operaciones de mantenimiento estarán realizadas por personal especializado para tal fin.

▪ Para evitar sobreesfuerzos, se dotará al bombo de un freno de basculamiento que impida movimientos incontrolados.

▪ Dado que en los alrededores de la hormigonera habrá, con seguridad, encharcamientos por la mezcla del agua con el polvo de cemento, la máquina tendrá un grado de protección IP-55. En el origen de la instalación habrá un interruptor diferencial de 300 mA, asociado a una puesta a tierra de valor adecuado.

▪ La boca de evacuación de la hormigonera estará sobre la vertical de un muelle de descarga adecuado para el asiento de la tolva de transporte.

▪ La zona de trabajo estará lo más ordenada posible, libre de elementos innecesarios, y con toma de agua próxima. No se ubicarán a distancias inferiores a 3 m del borde de excavación.

 Nota

La máquina estará ubicada en lugar permanente y estable que no pueda ocasionar vuelcos o desplazamientos involuntarios.

13.2. Seguridad en amasadoras

Las amasadoras son equipos muy parecidos a las hormigoneras estéticamente, y funcionalmente sobre todo; y sirven fundamentalmente para amasar yesos y escayolas en el interior de la obra y estar más cerca de los tajos, debido al fraguado rápido de estos materiales. Por tanto, tendrán los mismos riesgos y recomendaciones que las hormigoneras.

13.3. Seguridad en cortadoras mecánicas

La cortadora mecánica es un equipo de trabajo que puede tener dos variables: la mesa de sierra circular o tronzadora de agua y la mesa de sierra para madera. Ambas máquinas son similares pero se usan para cortar distintos materiales. La primera sirve para cortar piezas cerámicas o pétreas y la segunda solo sirve para cortar madera.

Otra diferencia es que la tronzadora usa el agua como ayuda en el corte.

Riesgos

▌ Proyección de partículas durante las operaciones de corte.
▌ Proyección de polvo (las operaciones deberán realizarse preferiblemente por vía húmeda).
▌ Rotura del disco por desgaste, mala elección del disco, disco en mal estado, etc.
▌ Cortes y amputaciones.
▌ Electrocuciones.
▌ Ruido.
▌ Posturas inadecuadas.
▌ Caída de personas al mismo nivel (tropiezos, resbalones, etc.).
▌ Atrapamientos o aplastamientos durante su traslado o cambio de ubicación.

Es conveniente marcar el material previo al corte. Para garantizar la calidad y la seguridad del corte se deben usar guías de material y empujadores.

Recomendaciones

▌ Deberán llevar una carcasa de protección y resguardo que impida los atrapamientos por los órganos móviles.

▌ Llevará toma de tierra y debe estar incluida en el mismo cable de alimentación.

▌ Deberá existir un interruptor cerca de la zona de mandos.

▌ Deberá estar equipada con aspiradores de polvo o, en su defecto, se utilizarán mascarillas con el filtro adecuado.

▌ La máquina se colocará en zonas que no sean de paso.

▌ Las sierras circulares para corte de material cerámico no se ubicarán a distancias inferiores a tres metros (como norma general) del borde de los forjados, con la excepción de los que estén efectivamente protegidos (redes o barandillas, petos de remate, etc.).

▌ Se prohíbe expresamente dejar en suspensión del gancho de la grúa las mesas de sierra durante los periodos de inactividad.

▌ El mantenimiento de las mesas de sierra será realizado por personal especializado para tal menester, en prevención de los riesgos por impericia.

▌ Para evitar los riesgos eléctricos, está previsto que la alimentación eléctrica de las sierras de disco para corte de material cerámico se realice mediante mangueras contra la humedad, dotadas de clavijas estancas de intemperie, con conexión a la red de tierra, en combinación con el interruptor diferencial de protección.

▌ Se prohíbe ubicar la tronzadora sobre los lugares encharcados, para evitar los riesgos de caídas y los eléctricos.

▌ Se limpiará de productos procedentes de los cortes los aledaños de las mesas de sierra circular, mediante barrido y apilado para su carga sobre bateas emplintadas (o para su vertido mediante las trompas de vertido).

▌ Para evitar los riesgos de proyección violenta de partículas y de producción de polvo, se usará la sierra de disco con la carcasa de protección en servicio con cuchillo divisor; y el personal que la maneje utilizará obligatoriamente gafas contra las proyecciones y mascarilla de protección de las vías respiratorias.

i Los cortes se realizarán en vía húmeda para evitar la producción de polvo; es decir, bajo el chorro de agua que impida el origen del polvo.

i Antes de poner la máquina en servicio, compruebe que no está anulada la conexión a tierra, en caso afirmativo, avise al encargado.

i Utilice el empujador para manejar la cerámica; considere que de no hacerlo puede perder los dedos de sus manos. Desconfíe de su destreza. Esta máquina es peligrosa.

i Compruebe el estado del disco, sustituyendo los que estén fisurados o carezcan de algún diente.

i Para evitar daños en los ojos, solicite que se le provea de unas gafas de seguridad antiproyección de partículas y úselas siempre, cuando tenga que cortar.

Importante

Se prohíbe ubicar la tronzadora sobre los lugares encharcados, para evitar los riesgos de caídas y los eléctricos.

Aplicación práctica

Se encuentra usted ejecutando el alféizar de una ventana con ladrillos vistos rústicos y observa que necesita cortar una pieza para rematar el borde de la ventana. ¿Cómo procedería para cortar la pieza de la manera más segura?

SOLUCIÓN

Decide usar una tronzadora de agua provista de disco para cortar materiales cerámicos y pétreos, comprobando previamente que se encuentra con todas sus medidas de seguridad; se coloca las gafas antiproyecciones y con un empujador desplaza la pieza y la corta.

14. Seguridad en deslizamientos, desprendimientos y contenciones

En los procesos de movimientos de tierra en la obra se producen situaciones de riesgo producidas bien por las máquinas que ejecutan la excavación o rellenos, o bien por el estado en el que queda el terreno una vez que la máquina haya terminado.

Los riesgos generales suelen ser:

■ Vuelco de la maquinaria.
■ Atropellos.
■ Sepultamientos por el desprendimiento o deslizamiento de tierras.
■ Caídas de altura.
■ Contactos eléctricos a través de conducciones enterradas.

A continuación detallaremos los riesgos y recomendaciones de algunas fases del movimiento de tierras para evitar accidentes:

Desmonte y terraplén

El desmonte y el terraplén es el proceso de excavar y mover del material excavado a otro lugar, empleándolo como relleno.

Riesgos

ı Atrapamientos por deslizamientos y desprendimientos del terreno, vuelco de maquinaria, etc.
ı Atropellos y golpes con máquinas.
ı Vuelco por falsas maniobras, caída por taludes, etc.
ı Caída de materiales durante la carga y transporte de los mismos.
ı Ruido y presencia de polvo.
ı Caída de materiales por los bordes de los taludes.
ı Caída de personas a distinto nivel (desde las máquinas, escaleras manuales, medios auxiliares, taludes, etc.).
ı Contactos eléctricos por presencia de líneas eléctricas aéreas y enterradas.

▎Vibraciones (conductores maquinaria, movimiento de tierras).

▎Incendios de las máquinas.

Recomendaciones

▎En todo momento, se mantendrán las zonas de trabajo limpias, ordenadas y suficientemente iluminadas.

▎Regar con frecuencia los caminos de servicio.

▎Antes de comenzar los trabajos, limpiar el terreno de obstáculos que se encuentren en las proximidades del borde superior de la excavación.

▎Si se están realizando operaciones de desbroce en zonas próximas, acotar el área que pueda ser afectada.

▎Señalizar convenientemente la zona de trabajo. Si las señales hay que mantenerlas por la noche, deberán ser reflectantes.

▎Los frentes de las excavaciones, bordes y taludes de los terraplenes, se sanearán convenientemente a fin de evitar desprendimientos.

▎En el vertido de material para ejecución de terraplenes, se realizarán los vertidos a distancias de modo que no se produzca rodamiento de materiales por los taludes del terraplén.

▎El personal de a pie se mantendrá a distancias de seguridad adecuadas de las máquinas.

▎Extremar precauciones en la compactación de escombreras para evitar su deslizamiento.

▎Realizar inspecciones periódicas de los frentes de excavaciones y taludes al principio de la jornada y especialmente después de fuertes lluvias, época de heladas, sequías, voladuras cercanas, etc.

▎Prever la presencia de bombas de achique cuando el terreno presente nivel freático próximo a la superficie o cota de excavación.

▎Si es necesario, ayudarse de señalistas para la realización de los trabajos; estos deberán mantenerse en lugar visible y respetando las distancias de seguridad apropiadas.

▎Uso de topes para indicar fin de recorrido a los vehículos.

▎No sobrecargar las cargas máximas de los equipos.

Excavación en zanjas

Riesgos

- Desprendimiento de tierras.
- Caída de personas al mismo nivel.
- Caída de personas al interior de la zanja.
- Atrapamiento de personas por la maquinaria de excavación.
- Los derivados por interferencias con conducciones enterradas.
- Inundación.
- Golpes por objetos.
- Caída de objetos.

Recomendaciones

- Cuando la profundidad de la zanja sea igual o superior a 1,5 m, deberá encontrarse entibada.
- Antes de comenzar las excavaciones deberá haberse solicitado de las correspondientes compañías información cartográfica sobre la posición y solución aéreas de conducción de energía eléctrica.
- Se determinarán las distancias de las edificaciones colindantes que puedan transmitir presiones sobre los taludes de las zanjas.
- Los productos procedentes de la excavación se acopiarán a una distancia de la coronación de los taludes de forma que no se sobrecargue y aumente el empuje hacia las paredes de la excavación.
- La circulación de los vehículos se realizará a una distancia como mínimo de 3 m del borde de la excavación.
- Cuando la profundidad de una zanja sea igual o superior a los 2 metros, se protegerán los bordes de coronación mediante una barandilla reglamentaria situada a una distancia mínima de 2 m del borde.
- Se revisará el entibado de la excavación cada vez que el trabajo se haya interrumpido y siempre antes de dar permiso para el acceso del personal a su interior.
- Deberá disponerse de al menos una escalera manual por equipo de trabajo. Esta deberá sobrepasar un metro el borde de la zanja.

I En régimen de lluvias y encharcamiento, se efectuará el achique inmediato para evitar que se altere la estabilidad de los taludes.

I Cuando se utilicen medios mecánicos de excavación, se mantendrán distancias mínimas de seguridad con el fin de que los trabajadores no entren en el radio de acción de las máquinas.

I En zanjas y pozos, siempre que haya trabajadores en su interior, se mantendrá uno de retén en el exterior, que podrá ayudar en el trabajo y dar la señal de alarma en caso de observar anomalías o producirse alguna emergencia.

I Al descubrir cualquier tipo de conducción subterránea, se paralizarán los trabajos, avisando a la dirección de la obra para que dicte las acciones de seguridad a seguir.

Importante

Cuando la profundidad de la zanja sea igual o superior a 1,5 m, deberá encontrarse entibada.

Entibaciones

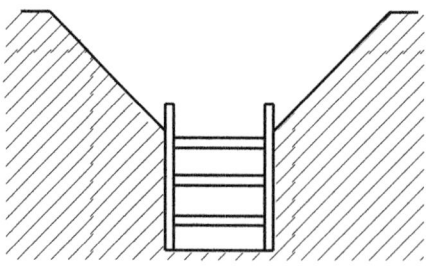

Croquis de entibación de madera sobre zanja para instalaciones

Sujeción con revestimientos de madera de las paredes de una excavación, zanja, etc., para evitar desmoronamientos.

Riesgos

I Sepultamientos por derrumbes de tierras.
I Caídas al interior de las zanjas.
I Caídas desde las entibaciones.
I Caídas al mismo nivel.
I Golpes por los paneles de encofrados.
I Cortes y golpes por manipulación de herramientas.
I Pisadas sobre objetos.
I Caída sobre operarios de objetos desde los bordes de las excavaciones al interior.
I Riesgos biológicos.
I Caída de materiales.

Recomendaciones

I Se prohíbe la permanencia de operarios en la zona de batido de cargas durante la operación de izado de los paneles de entibado.
I El ascenso y descenso del personal a las entibaciones se hará por medio de escaleras de mano seguras.
I Se extremará la vigilancia de taludes, durante las operaciones de entibado y desentibado, en prevención de derrumbamientos del terreno. Estas operaciones se realizarán bajo vigilancia constante.
I Los clavos existentes en la madera ya usada se sacarán o se remacharán inmediatamente después de haber desentibado, retirando los que pudieran haber quedado sueltos por el suelo mediante barrido y apilado.
I Está prohibida la presencia de trabajadores dentro de la zanja o pozo durante la instalación de los blindajes. De esta manera se evitan los riesgos por desprendimiento de terrenos y atrapamiento por piezas pesadas.
I Se dirigirán los movimientos de la grúa desde un lugar que permita transmitir las órdenes sin posibilidad de error.
I Está expresamente prohibido descender y ascender de la zanja utilizando los codales por no estar previstos para esta función y ser su distanciamiento muy grande para ser usados con seguridad como parte de la escalera.

 **Nota**

Un malentendido puede originar un grave accidente que atrape, golpee o empuje al fondo de la zanja a algún trabajador.

15. Seguimiento de planes de seguridad en el tajo

Según el artículo 7 del Real Decreto 1627/1997, por el que se establecen disposiciones mínimas de seguridad y de salud en las obras de construcción y en aplicación del estudio de seguridad y salud o, en su caso, del estudio básico, cada contratista elaborará un plan de seguridad y salud en el trabajo en el que se analicen, estudien, desarrollen y complementen las previsiones contenidas en el estudio o estudio básico, en función de su propio sistema de ejecución de la obra. En dicho plan se incluirán, en su caso, las propuestas de medidas alternativas de prevención que el contratista proponga con la correspondiente justificación técnica, que no podrán implicar disminución de los niveles de protección previstos en el estudio o estudio básico.

El plan de seguridad y salud deberá ser aprobado, antes del inicio de la obra, por el coordinador en materia de seguridad y de salud durante la ejecución de la obra.

El plan de seguridad y salud podrá ser modificado por el contratista en función del proceso de ejecución de la obra, de la evolución de los trabajos y de las posibles incidencias o modificaciones que puedan surgir a lo largo de la obra.

Todas las personas que intervengan en la ejecución de la obra, así como órganos con responsabilidades en materia de prevención en las empresas intervinientes en la misma y los representantes de los trabajadores, podrán presentar, por escrito y de forma razonada, las sugerencias y alternativas que estimen oportunas.

Nota

A tal efecto, el plan de seguridad y salud estará en la obra a disposición permanente de los mismos.

Dicho plan de seguridad y salud estará compuesto de las siguientes partes: memoria, memoria descriptiva, pliego de condiciones, presupuesto, plan de obra, detalles y planos generales.

Una vez planificados los métodos de trabajo a utilizar en la obra, es preciso establecer un seguimiento sobre el desarrollo de los mismos, de tal manera que su realización se lleve a cabo según lo previsto.

A este fin se instaurarán los oportunos mecanismos de control, cuya ejecución se realizará, por las empresas y trabajadores autónomos afectados, con sus propios recursos preventivos. Estos mecanismos consisten en:

- Realización de un análisis de las tareas y sus secuencias para detectar los componentes de mayor riesgo, comparando los procedimientos escritos con la práctica efectiva.
- Realización de inspecciones periódicas de los niveles de cumplimiento del plan en: instalaciones de protección colectiva, medios auxiliares, equipos de trabajo, servicios higiénicos, orden y limpieza, acceso a obra, almacenamiento y evacuación de residuos, uso de equipos de protección individual, actuación ante emergencias, etc.
- Los citados mecanismos deben ser ejecutados por los Encargados o Jefes de Obra bajo la supervisión del Coordinador de Seguridad.

16. Resumen

Como conclusión final de este capítulo dedicado a la seguridad en las fábricas de albañilería y técnicas preventivas, podemos decir que el objetivo principal de la seguridad en las obras es la prevención, ya que los riesgos de accidente siempre existen en las obras o en cualquier otro centro de trabajo. Lo que sí es diferente respecto a otros centros de trabajo, como por ejemplo en una oficina, es que el riesgo de tener algún percance es bastante mayor.

Por ello, dado que el riesgo de tener un accidente es mucho mayor, debemos tomar todas las medidas de seguridad que sean necesarias sin escatimar ni un ápice en recursos y medidas preventivas.

Para este cometido, cuando se realizan los proyectos, se realiza un estudio de seguridad y salud de la obra en cuestión y que será complementado antes de iniciar la obra con el plan de seguridad elaborado por la empresa constructora.

En dichos documentos en primer lugar se analizarán todos los riesgos que pueden existir en el tipo de obra que se está ejecutando y, una vez analizados todos, se especificarán todas y cada una de las medidas preventivas que deben llevarse a cabo mediante protecciones colectivas e individuales.

Además de esto, se impartirán cursos de formación e información en materia de seguridad a los trabajadores, con el objetivo de la prevención.

Ejercicios de repaso y autoevaluación

1. **Los andamios de madera no son seguros y no deben usarse nunca. ¿Verdadero o falso?**

   ☐ Verdadero
   ☐ Falso

2. **Una enfermedad en un trabajador causada por vibraciones se considera una enfermedad laboral. ¿Verdadero o falso?**

   ☐ Verdadero
   ☐ Falso

3. **La asistencia de una ambulancia y sus cuidados a un accidentado se considera...**

   a. ... una protección personal.
   b. ... una protección colectiva.
   c. ... primeros auxilios.
   d. ... una instalación de seguridad.

4. **En caso de existir varios accidentados, ¿cuál de estos sería el primero en atender?**

   a. El que presente quemaduras.
   b. El que presente síntomas de fracturas.
   c. El que sangre abundantemente.
   d. El que esté desorientado.

5. **En relación a la protección personal, podría decirse que...**

   a. ... es una técnica de seguridad complementaria de la colectiva.
   b. ... puede sustituir a las protecciones colectivas.
   c. ... siempre es necesario utilizarse.
   d. ... no es necesaria en ningún caso.

6. El casco de seguridad lo debe utilizar...

a. ... todo el personal en general contratado por el contratista, por los subcontratistas y los autónomos, si los hubiese.
b. ... tan solo los operarios (contrata y subcontrata).
c. ... los operarios de la contrata.
d. ... nadie.

7. El desplazamiento marcha atrás de motovolquete autopropulsado (dumper), ¿cómo se señaliza?

a. Con señal luminosa.
b. Con el apoyo de otro operario que dirija la operación.
c. Mediante acotación con barandillas.
d. Con señal acústica.

8. El vallado de la obra tendrá una altura mínima de...

a. ... la establecida por el encargado.
b. ... 2,20 metros.
c. ... 2,00 metros.
d. ... 4,00 metros.

9. Las escaleras de mano sobrepasarán sobre la altura a salvar...

a. ... 80 cm.
b. ... 100 cm.
c. ... no hay limitación.
d. ... la mitad de la altura a salvar.

10. ¿Cuándo se utilizan las entibaciones?

a. En la formación de terraplenes.
b. En los taludes.
c. En las zanjas.
d. En el vallado de los movimientos de tierra.

Bibliografía

Monografías

JIMÉNEZ López, L.: *Presupuestos en la construcción*. Madrid. Ediciones Paraninfo, 2017.

CORTÉS Díaz, J.Mª.: *Técnicas de prevención de riesgos laborales: seguridad y Salud en el trabajo*. Madrid: Tébar, 2018.

TRUJILLO Cebrián, J. J.: *Proceso y preparación de equipos y medios en trabajos de albañilería*. Antequera: IC editorial, 2023.

VV. AA.: *Manual de albañilería*. Madrid. Ediciones Paraninfo, 2017.

LÓPEZ Álvarez, S. y LLAMES Viesca, J.: *Organización de obra y control de personal*. Madrid: Lex Nova, 2010.

SÁNCHEZ Rivero, J. M.: *El coordinador de seguridad y salud*. Madrid: Fundación Confemetal, 2011.

Legislación

Real Decreto 314/2006, de 17 de marzo, por el que se aprueba el Código Técnico de la Edificación.

Real Decreto 470/2021, de 27 de junio, por el que se aprueba el Código Estructural.

Textos electrónicos, bases de datos y programas informáticos

❙ Código Técnico de la Edificación, CTE, de: https://www.codigotecnico.org/

❙ Base de Costes de la Construcción de Andalucía (BCCA), de:
https://www.juntadeandalucia.es/organismos/fomentoarticulaciondelterritorioyvivien-
da/areas/vivienda-rehabilitacion/planes-instrumentos/paginas/vivienda-bcca.html